2022—2023 年中国工业和信息化发展系列蓝皮书

2022—2023 年
中国工业节能减排蓝皮书

中国电子信息产业发展研究院 **编 著**

刘文强 **主 编**

赵卫东 马 涛 **副主编**

电子工业出版社
Publishing House of Electronics Industry
北京·BEIJING

内 容 简 介

本书基于全球化视角，对 2022 年我国及世界主要国家工业节能减排的发展态势进行了重点分析，梳理并剖析了国家相关政策及其变化对工业节能减排发展的影响，研判了 2023 年世界主要国家及主要工业行业的发展走势。全书共分为综合篇、重点行业篇、区域篇、政策篇、热点篇、展望篇 6 个部分。本书可为政府部门、相关企业，以及从事相关政策制定、管理决策和咨询研究的人员提供参考，也可以供高等院校相关专业师生及对相关行业感兴趣的读者学习阅读。

图书在版编目（CIP）数据

2022—2023 年中国工业节能减排蓝皮书 / 中国电子信息产业发展研究院编著；刘文强主编 . —北京：电子工业出版社，2023.12

（2022—2023 年中国工业和信息化发展系列蓝皮书）

ISBN 978-7-121-47014-1

Ⅰ. ①2… Ⅱ. ①中… ②刘… Ⅲ. ①工业企业－节能减排－研究报告－中国－2022-2023
Ⅳ. ①TK018

中国国家版本馆 CIP 数据核字（2024）第 004081 号

责任编辑：雷洪勤　　　　　　特约编辑：田学清
印　　刷：北京虎彩文化传播有限公司
装　　订：北京虎彩文化传播有限公司
出版发行：电子工业出版社
　　　　　北京市海淀区万寿路 173 信箱　　　　邮编：100036
开　　本：720×1 000　1/16　印张：14.25　　字数：273.6 千字　　彩插：1
版　　次：2023 年 12 月第 1 版
印　　次：2023 年 12 月第 1 次印刷
定　　价：218.00 元

凡所购买电子工业出版社图书有缺损问题，请向购买书店调换。若书店售缺，请与本社发行部联系，联系及邮购电话：（010）88254888，88258888。
质量投诉请发邮件至 zlts@phei.com.cn，盗版侵权举报请发邮件至 dbqq@phei.com.cn。
本书咨询联系方式：leihq@phei.com.cn。

前　言

推动工业绿色低碳发展　构建绿色增长新引擎

党的十八大以来，工业和信息化系统深入贯彻习近平生态文明思想，积极促进工业绿色低碳转型，为推动我国经济发展贡献了工业力量。"十四五"期间进一步推动工业绿色低碳发展，构建绿色增长新引擎，是建设制造强国、网络强国，实现高质量发展的必然要求。

一、工业绿色低碳发展是高质量发展的必然要求

我国进入高质量发展阶段，必须在发展理念、发展方式、发展路径上实现一系列根本性转变。工业是国民经济的主体和增长引擎，也是资源能源消耗、二氧化碳和污染物排放的重要领域之一。推进工业绿色低碳转型，对于破解资源环境约束瓶颈、加快产业结构优化升级、满足人民日益增长的美好生活需要，具有重要的意义。

第一，推进工业绿色低碳转型，是破解资源环境约束瓶颈、实现可持续发展的自觉行动。我国仍是世界上最大的发展中国家，工业化现代化进程尚未完成，产业结构尚未跨越高消耗、高排放阶段，工业发展中不平衡、不充分的问题仍然比较突出。破解资源环境约束瓶颈，必须坚持走新型工业化道路，加快构建资源节约、环境友好的绿色制造体系，着力推进工业低碳发展和绿色转型。

第二，推进工业绿色低碳转型，是推动产业结构优化升级、培育经济增长新动能的必然选择。碳达峰、碳中和将全面重塑我国的经济结构、能源结构、生产方式和生活方式。在"双碳"目标牵引下，能源、冶金、化工等传统产业的改造提升步伐将进一步加快，并催生出一大批新业态新模式，创造出广阔的市场前景和发展空间，带来巨大的投资和消费需求，必须紧紧抓住这一重要历史机遇，培育壮大经济发展新动能，推动经济高质量发展。

第三，推动工业绿色低碳转型，是满足人民日益增长的优美生态环境需求，践行以人民为中心的发展思想的内在要求。党的十九大报告指出，我们要建设的现代化是人与自然和谐共生的现代化，既要创造更多物质财富和精神财富以满足人民日益增长的美好生活需要，又要提供更多优质生态产品以满足人民日益增长的优美生态环境需求。必须坚持以人民为中心的发展思想，着力推进工业绿色低碳转型，大力实施节能减排和清洁生产，为人民群众提供更多物美质优、绿色低碳的产品，以及更加优美的生态环境、更加良好的生活质量。

二、有序推进我国工业绿色低碳发展，应着力把握好 4 个方面的关系

绿色低碳发展是经济社会发展全面转型的复杂工程和长期任务，能源结构、产业结构调整不可能一蹴而就，更不能脱离实际。工业是立国之本、兴国之器、强国之基，面对新挑战、新机遇，我们要迎难而上、化危为机、攻坚克难，坚持把工业绿色低碳发展作为生态文明建设和制造强国建设的重要着力点，将系统观念贯穿推进工业绿色低碳发展的全过程，注重着力把握好 4 个方面的关系。

（一）处理好发展和转型的关系，在发展中推动转型，在转型中促进发展

从经济社会发展需求来看，我国仍处于工业化、城镇化深入发展的历史阶段，发展经济和改善民生的任务还很重，能源资源消费将保持刚性增长。到 2035 年，我国人均国内生产总值要达到中等发达国家水平，基本实现现代

化，发展的任务还十分繁重。显然，基于我国产业结构和资源禀赋现状，我们不能照搬发达国家产业转移、去工业化的发展路径，必须立足我国发展阶段、能源资源禀赋和国民经济高质量发展需求，把握好工业绿色低碳转型的节奏和力度，充分发挥节能降碳的倒逼引领作用，将节能降碳潜力实实在在转变为产业提质增效、转型升级的新空间，推动工业在绿色转型中实现更大发展。

（二）处理好整体和局部的关系，统筹考虑产业布局区域特点，以绿色低碳转型发展推进产业结构优化升级

由于区域资源分布和产业分工各异，各地绿色低碳转型的方向不尽相同。例如，我国东部地区高新技术产业和高端制造业的占比较大，工业化水平较高，但面临的资源环境约束日趋加剧，环境资源承载压力不断加大，要素成本持续上升，亟待推动传统工业发展模式转变，为全国其他地区绿色低碳转型做出表率和引领。中西部地区在我国经济发展过程中一直担任着能源资源和原材料供应的重任。长期以来，一些地方的发展偏重于对能源、矿产资源的高强度开采和初加工，逐渐形成了以能源重化工业为主导的单一产业结构，构成了"一业独大""一企独大"的产业格局，产业结构调整非一朝一夕能够完成。

（三）处理好长远目标和短期目标的关系，保持战略定力，稳扎稳打、持续发力、久久为功

从经济社会发展大局和长期任务来看，我国坚持生态优先、绿色发展的导向不会变，实现碳达峰碳中和目标的决心不会变。我国能源结构、产业结构是长期形成的，调整优化存在很多现实困难和历史挑战。我们要保持加强生态文明建设的战略定力，科学推进"双碳"工作，坚持方向不变、力度不减、标准不降、久久为功。要处理好短期内具体工作目标与制造业高质量发展、能源结构低碳转型等长期战略目标之间的关系，在保障能源安全、产业链供应链稳定的前提下，有序推动工业绿色低碳转型发展的各项工作。

（四）处理好政府和市场的关系，坚持政府引导、市场主导，充分发挥有为政府和有效市场双重作用

推动绿色低碳转型，要坚持两手发力，推动有为政府和有效市场更好结合。政府层面要加强顶层设计，完善政策和法规体系，建立健全相关激励约束机制，为推动工业绿色低碳转型创造良好的市场环境。绿色低碳转型本质上是绿色技术装备和产品的更新换代，绿色产能替代低效产能，客观上存在较高成本。面对较高的绿色低碳转型成本，市场主体应不断提升内生动力，企业应持续强化在低碳产品开发、技术应用等方面的工作，充分发挥两者的协同功能。

三、扎实推进工业绿色低碳发展，为经济高质量发展做出新的贡献

扎实推进工业绿色低碳发展，要深入学习贯彻习近平生态文明思想，按照党中央、国务院决策部署和碳达峰碳中和工作安排，以推动高质量发展为主题，以供给侧结构性改革为主线，以碳达峰碳中和目标为引领，统筹发展与绿色低碳转型，加快构建以高效、绿色、循环、低碳为重要特征的现代工业体系。具体重点工作，可以概括为"开展一个行动、构建两大体系、推动六个转型"，即实施工业领域碳达峰行动，构建绿色低碳技术体系、绿色制造支撑体系，推进工业向产业结构高端化、能源消费低碳化、资源利用循环化、生产过程清洁化、产品供给绿色化、生产过程数字化方向转型。

习近平总书记指出，实现"双碳"目标是一场广泛而深刻的变革，也是一项长期任务，既要坚定不移，又要科学有序推进。我们将在以习近平总书记为核心的党中央的坚强领导下，锚定碳达峰碳中和目标愿景，多措并举、协同发力，持续推进、久久为功，把系统观念贯穿工作全过程，统筹处理好工业增长和节能降碳关系，以咬定青山不放松的执着，奋力推进工业绿色低碳转型和高质量发展！

工业和信息化部节能与综合利用司

目 录

综合篇

重点行业篇

区域篇

热点篇

展望篇

综 合 篇

第一章

2022 年全球工业节能减排发展状况

本章从工业发展、能源消费、低碳发展进程 3 个方面对美国、日本、欧盟、新兴经济体等全球主要国家和地区进行研究。

第一节　工业发展概况

2021 年，复苏是全球经济的主旋律，同时面临多重挑战，全球经济增长举步维艰。各国新冠疫情防控形势严峻，通货膨胀成为全球经济的主题，美国等一些国家的超宽松货币政策和财政政策加剧了全球的通货膨胀。总体而言，全球经济持续复苏过程中出现的不确定性因素制约着复苏的效果和持续性。根据世界银行提供的数据，2021 年全球 GDP（Gross Domestic Product，国内生产总值）为 965274 亿美元，同比增长 13.4%，扭转了 2020 年的下跌态势；全球工业增加值为 266319 亿美元，同比增长 19.6%，增幅较大；全球制造业增加值为 160473 亿美元，较 2020 年增加 24770 亿美元。2015—2021 年全球主要经济核算指标变化情况如表 1-1 所示。

表 1-1　2015—2021 年全球主要经济核算指标变化情况

年份	全球 GDP（单位：亿美元，现价）	全球工业增加值（单位：亿美元，现价）	全球制造业增加值（单位：亿美元，现价）
2015 年	751864	201740	123283
2016 年	764694	200982	123893
2017 年	814095	217828	132386
2018 年	864670	235388	141714
2019 年	876543	234000	140119
2020 年	851163	222639	135703
2021 年	965274	266319	160473

数据来源：Wind 数据库，2023 年 5 月。

2022 年，受俄乌冲突、新冠疫情、全球通货膨胀等多重因素的影响，全球制造业呈现波动下行趋势，下行压力持续加大。从 2022 年 9 月开始，一直到 2022 年 12 月，全球制造业采购经理指数（Purchasing Managers' Index，PMI）一直在荣枯线 50 以下，而且连续下探，2022 年 12 月以 48.7 的最低值收官，这意味着全球经济在 2022 年运行偏弱。2022 年全球制造业 PMI 最高值出现在 2 月，为 53.7。具体数据如表 1-2 所示。

表 1-2　2022 年全球制造业 PMI

月份	1	2	3	4	5	6	7	8	9	10	11	12
PMI	53.2	53.7	52.9	52.3	52.3	52.2	51.1	50.3	49.8	49.4	48.8	48.7

数据来源：Wind 数据库，2023 年 5 月

一、美国

2021 年，美国经济复苏强劲，但较快的增长速度没能延续到 2022 年。根据美国商务部 2023 年 3 月公布的数据，美国 2022 年第四季度实际 GDP 按年率计算同比上升 2.6%，2022 年全年美国经济增长 2.1%，与 2021 年 5.9% 的增长率相比大幅收缩。其中，2022 年第四季度消费者支出增长率表现最差，仅为 1%，是自 2020 年春季以来消费者支出增长率最低的一个季度。相比 2021 年，2022 年美国经济增速下滑，动力不足。2022 年美国经济"滞胀"特征明显，美国在这一年经历了近 40 年从未遇到过的通货膨胀，通货膨胀不断攀升并长期维持在历史高位，消费者价格指数一路飙升，物价全面上涨。为应对通货膨胀，美国联邦储备系统（以下简称美联储）自 2022 年 3 月以来连续 7 次加息。利率上升和通货膨胀抑制了经济活动，经济增长明显放缓。

从美国供应管理协会（the Institute for Supply Management，ISM）发布的制造业 PMI 来看，2022 年年初，美国制造业 PMI 就站在高位 57.6，2 月继续增长至 58.6，这一数值也是 2022 年全年的高位。之后开始缓慢平稳下跌，5 月有反弹，由 4 月的 55.4 升至 56.1，但很快在 6 月跌到了 53，是前 6 个月的最低值。之后一路下滑，直到 11 月跌到荣枯线 50 以下，全年最低值出现在 12 月，PMI 值为 48.4，这说明美国制造业进一步走软。具体数据如表 1-3 所示。

表 1-3 2022 年美国制造业 PMI

月份	1	2	3	4	5	6	7	8	9	10	11	12
PMI	57.6	58.6	57.1	55.4	56.1	53	52.8	52.8	50.9	50.2	49	48.4

数据来源：Wind 数据库，2023 年 5 月

二、日本

2023 年 2 月，日本内阁府公布了 2022 年的经济统计数据，2022 年日本 GDP 同比增长 1.1%，增速相比 2021 年有所下降，2021 年的增速为 2.1%。2022 年日本 GDP 全年增速正增长主要归功于第四季度，第一季度和第三季度都是负增长，第四季度增速回升，由此带动全年增速实现正增长，但 GDP 没有恢复到新冠疫情之前的水平。作为一个典型的出口国家，出口对日本经济的贡献很大，由于 2022 年全球经济放缓，外需市场萎靡，所以日本的贸易逆差创 40 多年来的新高，2022 年日本进口增长 39%，出口增长 18%。

2022 年，日本制造业的表现一般，日本制造业全年的 PMI 最高值为 55.4，出现在 2022 年 1 月，之后小幅温和下挫，在 3 月有小幅反弹，力度不大，难改跌势，4 月继续下滑至 53.5，全年前 10 个月日本制造业 PMI 值都在荣枯线 50 以上，从 11 月开始跌至 49，低于荣枯线 50，12 月 PMI 值以 48.9 收官。具体数据如表 1-4 所示。

表 1-4 2022 年日本制造业 PMI

月份	1	2	3	4	5	6	7	8	9	10	11	12
PMI	55.4	52.7	54.1	53.5	53.3	52.7	52.1	51.5	50.8	50.7	49	48.9

数据来源：Wind 数据库，2023 年 5 月

三、欧盟

根据 2023 年 1 月欧盟统计局发布的数据，2022 年欧元区 GDP 比 2021 年增长 3.5%，欧盟经济比 2021 年增长 3.6%。2022 年第四季度欧元区 GDP 环比增长 0.1%，同比增长 1.9%；欧盟经济环比零增长，同比增长 1.8%。2022 年，俄乌冲突是欧盟面临的最大挑战之一，伴随俄乌冲突而来的能源危机使很多工厂被迫减产停工，导致欧盟制造业被波及。除了能源危机，还有粮食危机、供

应链危机，欧盟多国面临第二次世界大战以来比较严重的通货膨胀问题。为应对通货膨胀，欧洲中央银行逐步收紧货币政策，快速加息，加剧了欧盟和欧元区的经济下行压力。

2022 年，欧元区制造业 PMI 呈现稳步下滑的态势。前半年 1～6 月欧元区制造业的 PMI 值均在荣枯线 50 以上；1 月 PMI 值为 58.7，是全年的最高值。从 7 月开始，PMI 值跌到荣枯线 50 以下，最低值 46.4 出现在 10 月，12 月 PMI 值以 47.8 收官。具体数据如表 1-5 所示。

表 1-5　2022 年欧元区制造业 PMI

月份	1	2	3	4	5	6	7	8	9	10	11	12
PMI	58.7	58.2	56.5	55.5	54.6	52.1	49.8	49.6	48.4	46.4	47.1	47.8

数据来源：Wind 数据库，2023 年 5 月

四、新兴经济体

（一）俄罗斯

根据俄罗斯联邦统计局的初步评估结果，2022 年俄罗斯经受住了数波单边制裁的影响，其 GDP 下降 2.1%，受影响小于预期。俄罗斯 GDP 现价总量为 1514556 亿卢布（约合 2.0467 万亿美元）。

从制造业 PMI 来看，2022 年除了 2～4 月 3 个月份的 PMI 值在荣枯线 50 以下，其余月份都在荣枯线 50 以上。总体来看，其余月份的 PMI 值在 50.3 至 53.2 的区间呈温和波动态势，全年最高值出现在 11 月，PMI 值为 53.2，12 月虽然有所回落，但幅度不大，以 PMI 值 53 收官。具体数据如表 1-6 所示。

表 1-6　2022 年俄罗斯制造业 PMI

月份	1	2	3	4	5	6	7	8	9	10	11	12
PMI	51.8	48.6	44.1	48.2	50.8	50.9	50.3	51.7	52	50.7	53.2	53

数据来源：Wind 数据库，2023 年 5 月

（二）印度

2022 年，印度的经济数据非常亮眼。根据印度政府公布的年度经济数据，

2022 年印度 GDP 同比上涨 6.7%，GDP 总量达到 3.39 万亿美元，跃升世界第五位。其中，第一季度 GDP 同比上涨 4.1%，第二季度暴涨至 13.2%，创下 2022 年的最高纪录。第三季度在外部需求放缓、之前采取的各项激励措施"带来的提振效应逐步减弱"等多重因素叠加影响下，GDP 同比增长率放缓至 6.3%。第四季度延续之前的下滑态势，GDP 增速进一步下滑至 4.4%。2022 年印度经济亮眼的原因主要有 3 点：一是印度新冠疫情防控措施全面放开后，私人消费高涨；二是印度银行增加贷款，直接刺激企业增加资本支出，改善生产经营；三是受益于我国新冠疫情防控政策带来的订单转移效应。

从制造业 PMI 来看，2022 年印度制造业 PMI 值都在荣枯线 50 以上，全年 PMI 最低值为 53.9，出现在 6 月，12 月以最高值 57.8 收官。纵观全年，印度制造业 PMI 值呈现温和波动、缓慢上升的态势。具体数据如表 1-7 所示。

表 1-7　2022 年印度制造业 PMI

月份	1	2	3	4	5	6	7	8	9	10	11	12
PMI	54	54.9	54	54.7	54.6	53.9	56.4	56.2	55.1	55.3	55.7	57.8

数据来源：Wind 数据库，2023 年 5 月

（三）巴西

根据巴西国家地理与统计局公布的数据，2022 年巴西 GDP 总量为 9.9 万亿雷亚尔（约合 1.9 万亿美元），全年经济增长 2.9%。服务业成为巴西经济增长的主要驱动力，2022 年巴西服务业生产总值达 5.8 万亿雷亚尔，比 2021 年增长 4.2%。工业增加值增长 1.6%。从 2022 年第四季度起，巴西经济增长动力明显减弱，结束之前连续五个季度增长的势头，第四季度 GDP 环比下降 0.2%。

从制造业 PMI 来看，全年呈现两头低、中间高的走势，1 月和 2 月两个月的 PMI 值在荣枯线 50 以下，从 3 月开始 PMI 值跃升至 50 以上，一直持续到 10 月份。11 月和 12 月的 PMI 值又跌到荣枯线 50 以下。全年 PMI 最高值为 54.2，出现在 5 月，12 月以最低值 44.2 收官。具体数据如表 1-8 所示。

表 1-8　2022 年巴西制造业 PMI

月份	1	2	3	4	5	6	7	8	9	10	11	12
PMI	47.8	49.6	52.3	51.8	54.2	54.1	54	51.9	51.1	50.8	44.3	44.2

数据来源：Wind 数据库，2023 年 5 月

第二节 能源消费状况

2022 年 6 月，BP（英国石油公司）发布了《BP 世界能源统计年鉴》2022 年英文版，对 2021 年全球能源数据进行了全面收集和分析。数据显示，2021 年，新冠疫情的影响逐渐减弱，全球能源需求和碳排放开始增长，基本恢复至新冠疫情大流行之前的水平。

2021 年，全球一次能源消费总量为 595.15 艾焦，同比增长 5.8%，远远超过 2020 年 4.5% 的巨大跌幅。这主要是由于世界各地区广泛接种疫苗后新冠疫情防控措施松动，经济复苏较快，推动能源消费反弹。2021 年，石油、煤炭和天然气等化石能源消费增长势头强劲：石油消费量为 184.21 艾焦，比 2020 年增长 5.8%；煤炭消费量为 160.10 艾焦，比 2020 年增长 6%；天然气消费量为 145.35 艾焦，比 2020 年增长 5%。可再生能源继续保持强劲增长的态势，2021 年可再生能源（不包括水电）消费量为 39.91 艾焦，比 2020 年增长 5.11 艾焦，增幅为 14.7%。

从能源消费结构来看，石油、煤炭和天然气在能源消费结构中仍处于主体地位。2021 年，全球一次能源消费结构中，石油占比仍是第一位，约占 31%；煤炭占比是第二位，约占 26.9%；天然气占比约为 24.3%；水电占比约为 6.8%；核能占比约为 4.3%；其他类型可再生能源增长态势强劲，占比约为 6.7%。

2021 年，全球能源消费结构呈现区域特征。北美洲一次能源消费量总计 113.70 艾焦，约占全球能源消费总量的 19.1%；中南美洲一次能源消费量总计 28.46 艾焦，约占全球能源消费总量的 4.8%；欧洲一次能源消费量总计 82.38 艾焦，约占全球能源消费总量的 13.8%；独联体国家一次能源消费量总计 40.32 艾焦，约占全球能源消费总量的 6.8%；中东一次能源消费量总计 37.84 艾焦，约占全球能源消费总量的 6.4%；非洲一次能源消费量总计 19.99 艾焦，约占全球能源消费总量的 3.4%；亚太地区一次能源消费量总计 272.45 艾焦，约占全球能源消费总量的 45.8%。其中，经合组织一次能源消费量总计 229.89 艾焦，约占全球能源消费总量的 38.6%；非经合组织一次能源消费量总计 365.26 艾焦，约占全球能源消费总量的 61.4%。欧盟一次能源消费量总计 60.11 艾焦，约占全球能源消费总量的 10.1%。

一、世界主要区域能源消费现状

（一）亚太地区

近 10 年来，亚太地区的能源消费持续上升，继 2020 年首次出现下降后，2021 年继续恢复上涨势头。2021 年，亚太地区能源消费量为 272.45 艾焦，比 2020 年增长 6.1%，约占全球能源消费总量的 45.8%。其中，石油消费量约为 70.65 艾焦，占全球石油消费总量的 38.4%，占亚太地区能源消费总量的 25.9%；天然气消费量约为 33.06 艾焦，占全球天然气消费总量的 22.7%，占亚太地区能源消费总量的 12.1%；煤炭消费量约为 127.63 艾焦，占全球煤炭消费总量的 79.7%，占亚太地区能源消费总量的 46.8%；核能消费量约为 6.46 艾焦，占全球核能消费总量的 25.5%，占亚太地区能源消费总量的 2.4%；水电消费量约为 17.44 艾焦，占全球水电消费总量的 43.3%，占亚太地区能源消费总量的 6.4%；其他类型可再生能源消费量约为 17.22 艾焦，占全球可再生能源消费总量的 43.1%，约占亚太地区能源消费总量的 6.3%[①]。

（二）欧洲

欧洲能源消费在 2011—2021 年间保持了小幅波动，在 2010—2014 年处于下降趋势，从 2015 年开始温和回升，幅度不大，与前几年相比，2019 年又轻微下降，到 2020 年下降幅度剧增，2021 年大幅反转。2021 年，欧洲能源消费总量为 82.38 艾焦，比 2020 年增长 4.7%，占全球能源消费总量的 13.8%。其中，石油消费量约为 27.57 艾焦，占全球石油消费总量的 15.0%，占欧洲能源消费总量的 33.5%；天然气消费量约为 20.56 艾焦，占全球天然气消费总量的 14.1%，占欧洲能源消费总量的 25.0%；煤炭消费量约为 10.01 艾焦，占全球煤炭消费总量的 6.3%，占欧洲能源消费总量的 12.2%；核能消费量约为 7.98 艾焦，占全球核能消费总量的 31.5%，占欧洲能源消费总量的 9.7%；水电消费量约为 6.12 艾焦，占全球水电消费总量的 15.2%，占欧洲能源消费总量的 7.4%；其他类型可再生能源消费量约为 10.14 艾焦，占全球可再生能源消费总量的 25.4%，占欧洲能源消费总量的 12.2%。

---

① 书中此类百分比计算均采用四舍五入原则。

（三）北美洲

近 10 年来的大部分时期，北美洲能源消费上下波动幅度温和，2011—2021 年间能源消费高位出现在 2018 年，一次能源消费量为 118.95 艾焦，低位出现在 2012 年，一次能源消费量为 111.98 艾焦，但在 2020 年，一次能源消费量跌破 110 艾焦，下滑至 108.79 艾焦。2021 年，一次能源消费量有所回升，增长至 113.70 艾焦，占全球能源消费总量的 19.1%。其中，石油消费量约为 42.06 艾焦，占全球石油消费总量的 22.8%，占北美洲一次能源消费总量的 37.0%；天然气消费量约为 37.23 艾焦，占全球天然气消费总量的25.6%，占北美洲一次能源消费总量的 32.7%；煤炭消费量约为 11.28 艾焦，占全球煤炭消费总量的 7.0%，占北美洲一次能源消费总量的 9.9%；核能消费量约为 8.34 艾焦，占全球核能消费总量的 33.0%，占北美洲一次能源消费总量的 7.3%；水电消费量约为 6.34 艾焦，占全球水电消费总量的 15.7%，占北美洲一次能源消费总量的 5.6%；其他类型可再生能源消费量约为 8.44 艾焦，占全球可再生能源消费总量的 21.1%，占北美洲一次能源消费总量的 7.5%。

（四）非洲

2021 年，非洲一次能源消费量为 19.99 艾焦，比 2020 年增长 6.2%，占全球一次能源消费总量的 3.4%。其中，石油消费量约为 7.86 艾焦，占全球石油消费总量的 4.3%，占非洲一次能源消费总量的 39.3%；天然气消费量约为 5.92 艾焦，占全球天然气消费总量的 4.1%，占非洲一次能源消费总量的 29.6%；煤炭消费量约为 4.21 艾焦，占全球煤炭消费总量的 2.6%，占非洲一次能源消费总量的 21.1%；核能消费量约为 0.09 艾焦，占全球核能消费总量的 0.4%，占非洲一次能源消费总量的 0.4%；水电消费量约为 1.45 艾焦，占全球水电消费总量的 3.6%，占非洲一次能源消费总量的 7.3%；其他类型可再生能源消费量 0.47 艾焦，占全球可再生能源消费总量的 1.1%，占非洲一次能源消费总量的 2.3%。

（五）中东

自 2011 年以来，中东能源消费一直呈现上升趋势，只有 2020 年小幅下降，2021 年很快扭转了下降态势，恢复增长。2021 年，中东一次能源消费量为 37.84 艾焦，比 2020 年增长 3.7%，占全球一次能源消费总量的 6.4%。其中，石油消费量约为 16.30 艾焦，占全球石油消费总量的 8.8%，占中东一次能源消费总量的 43.1%；天然气消费量约为 20.72 艾焦，占全球天然气消费总量的 14.3%，占中东一次能源消费总量的 54.8%；煤炭消费量约为 0.34 艾焦，占全球煤炭消费总量的 0.2%，占中东一次能源消费总量的 0.9%；核能消费量约为 0.13 艾焦，占全球核能消费总量的 0.5%，占中东一次能源消费总量的 0.3%；水电消费量约为 0.18 艾焦，占全球水电消费总量的 0.4%，占中东一次能源消费总量的 0.5%；其他类型可再生能源消费量约为 0.18 艾焦，占全球可再生能源消费总量的 0.5%，占中东一次能源消费总量的 0.4%。

二、世界主要国家能源消费情况

2021 年，一次能源消费量最多的国家依次是中国和美国，两国的一次能源消费量占全球能源消费总量的 42.1%。此外，印度、俄罗斯、日本、德国的能源消费情况也具有一定的代表性。

（一）美国

美国是世界第二大能源消费国。2021 年，美国一次能源消费量为 92.97 艾焦，比 2020 年增长 5.3%，占全球一次能源消费总量的 15.6%。其中，石油消费量约为 35.33 艾焦，占全球石油消费总量的 19.2%；天然气消费量约为 29.76 艾焦，占全球天然气消费总量 20.5%；煤炭消费量约为 10.57 艾焦，占全球煤炭消费总量的 6.6%；核能消费量约为 7.40 艾焦，占全球核能消费总量的 28.9%；水电消费量约为 2.43 艾焦，占全球水电消费总量的 6.0%；其他类型可再生能源消费量约为 7.48 艾焦，占全球可再生能源消费总量的 18.7%。

（二）印度

印度是世界第三大能源消费国。2021 年，印度一次能源消费量为 35.43 艾焦，比 2020 年增长 10.4%，占全球一次能源消费总量的 6.0%。其中，石油消费量约为 9.41 艾焦，占全球石油消费总量的 5.1%；天然气消费量约为 2.24 艾焦，占全球天然气消费总量的 1.5%；煤炭消费量约为 20.09 艾焦，占全球煤炭消费总量的 12.5%；核能消费量约为 0.40 艾焦，占全球核能消费总量的 1.6%；

水电消费量约为 1.51 艾焦，占全球水电消费总量的 3.8%；其他类型可再生能源消费量约为 1.79 艾焦，占全球可再生能源消费总量的 4.5%。

（三）俄罗斯

俄罗斯一次能源消费量仅次于印度。2021 年，俄罗斯一次能源消费量为 31.30 艾焦，比 2020 年增长 8.7%，占全球一次能源消费总量的 5.3%。其中，石油消费量约为 6.71 艾焦，占全球石油消费总量的 3.6%；天然气消费量约为 17.09 艾焦，占全球天然气消费总量的 11.8%；煤炭消费量约为 3.41 艾焦，占全球煤炭消费总量的 2.1%；核能消费量约为 2.01 艾焦，占全球核能消费总量的 7.9%；水电消费量约为 2.02 艾焦，占全球水电消费总量的 5.0%；其他类型可再生能源消费量约为 0.06 艾焦，占全球可再生能源消费总量的 0.2%。

（四）日本

日本是世界第五大能源消费国。2021 年，日本一次能源消费量为 17.74 艾焦，比 2020 年增长 3.8%，占全球一次能源消费总量的 3.0%。其中，石油消费量约为 6.61 艾焦，占全球石油消费总量的 3.6%；天然气消费量约为 3.73 艾焦，占全球天然气消费总量的 2.6%；煤炭消费量约为 4.80 艾焦，占全球煤炭消费总量的 3.0%；核能消费量约为 0.55 艾焦，占全球核能消费总量的 2.2%；水电消费量约为 0.73 艾焦，占全球水电消费总量的 1.8%；其他类型可再生能源消费量约为 1.32 艾焦，占全球可再生能源消费总量的 3.3%。

（五）德国

德国是世界第四大经济体，第七大能源消费国。2021 年，德国一次能源消费量为 12.64 艾焦，比 2020 年增长 2.6%，占全球一次能源消费总量的 2.1%。其中，石油消费量约为 4.18 艾焦，占全球石油消费总量的 2.3%；天然气消费量约为 3.26 艾焦，占全球天然气消费总量的 2.2%；煤炭消费量约为 2.12 艾焦，占全球煤炭消费总量的 1.3%；核能消费量约为 0.62 艾焦，占全球核能消费总量的 2.4%；水电消费量约为 0.18 艾焦，占全球水电消费总量的 0.4%；其他类型可再生能源消费量约为 2.28 艾焦，占全球可再生能源消费总量的 5.7%。

第三节　低碳发展进程分析

一、全球碳排放情况

根据《BP 世界能源统计年鉴》2022 年英文版，2021 年全球二氧化碳排放量为 338.8 亿吨，与 2020 年相比增长了 5.9%。

增长幅度最大的是中南美洲，中南美洲 2021 年的碳排放量为 12.13 亿吨，比 2020 年的碳排放量增长了 11.1%。北美洲 2021 年的碳排放量为 56.02 亿吨，比 2020 年的碳排放量增长了 6.1%，占全球碳排放量的 16.5%。亚太地区 2021 年的碳排放量为 177.35 亿吨，比 2020 年的碳排放量增长了 5.7%，占全球碳排放量的一半以上。

二、努力应对气候变化

2023 年 3 月和 4 月，中国气象局与世界气象组织先后发布了《全球气候状况报告（2022）》和《2022 年全球气候状况报告》。两份报告从不同视角均指出，全球平均气温仍在升高，气候变暖的趋势持续不变。2022 年，欧洲、中国、美国、日本、巴基斯坦和印度等地都遭遇了创纪录的高温热浪。冰川融化和海平面上升也在 2022 年再次达到创纪录的水平。在此形势下，世界各经济体都积极采取应对措施，为改善温室气体排放增长过快的局面和全球气候治理做出努力。

美国大规模启动气候投资。2022 年 8 月，美国总统拜登在白宫签署《通胀削减法案》（以下简称《法案》），2022 年 9 月《法案》正式成为立法。2023 年 4 月，美国政府发布了《通胀削减法案》细则。《法案》涉及的议题主要有能源安全和气候变化、医疗健康、税制改革等。《法案》在能源安全和气候变化领域，计划投资 3690 亿美元，旨在推动经济低碳化或脱碳化发展，降低能源成本，提高能源使用效率。拜登政府认为，《法案》有利于美国降低碳排放，到 2030 年美国温室气体排放量将减少约 10 亿吨，降至 2005 年水平的 40%。

欧盟推出全球首个碳边境税政策。2021 年 7 月，欧盟提出了应对气候变化的一揽子计划提案，在这次提案中提出了"碳边境调节机制"（CBAM），即俗称的碳关税（Carbon Border Tax），这标志着欧盟将实施征收碳关税的说法正在逐步变为现实。2022 年 12 月，欧洲议会和欧盟理事会达成协议，同意建立碳边境调节机制,即根据进口商品所排放的温室气体对其征收碳关税。2023 年 4 月,欧盟理事会投票通过了碳边境调节机制,这标志着 CBAM 走完了整个立法程序,正式通过。目前,碳关税征收的行业范围覆盖六大行业,即钢铁、水泥、铝、化肥、电力及氢,主要针对生产过程中的直接排放和对水泥、电力、化肥这三大类的间接排放(即在生产过程中使用外购电力、蒸汽、热力或冷力产生的碳排放),以及少量的下游产品。碳关税将于 2026 年开始逐步实施,2023—2025 年为过渡阶段,在过渡阶段,进口商需要监测并汇报他们的碳排放量。

法国公布振兴"绿色工业"法案。2023 年 5 月,法国经济部长勒梅尔在政府部长会议上正式公布振兴"绿色工业"法案的内容,力推可再生能源、环保等绿色科技产业。法国政府计划每年拨出 10 亿欧元的预算用于对环境友好型产业投资的税收抵免。根据"绿色工业"法案,法国政府将重点推动绿氢、电池、风能、热泵和太阳能五大绿色科技产业发展,更多资金会被吸引到这五大领域。此外,法国将对购买电动车的奖励补贴进行改革,把其生产过程的碳排放量考虑在内,这将有利于提高在欧洲制造汽车的质量。

英国将大力度投资本国的碳捕获项目。2023 年 3 月,英国宣布将投入 240 亿美元用于英国未来 20 年的碳捕获项目,以实现能源转型、净零目标并刺激绿色就业。英国官方宣布投资目标是到 2030 年每年储存 2000 万吨 ~ 3000 万吨二氧化碳,相当于 1000 万辆 ~ 1500 万辆汽车的碳排放量。早在 2012 年,英国能源与气候变化部就颁布了首份英国碳捕捉与封存(CCS)路线图,计划到 2020 年成为全球 CCS 行业领跑者。

中国发布《中国应对气候变化的政策与行动 2022 年度报告》。2022 年 10 月,中华人民共和国生态环境部(以下简称生态环境部)发布了《中国应对气候变化的政策与行动 2022 年度报告》(以下简称《报告》)。《报告》主要内容包括我国应对气候变化的新部署、积极减缓气候变化、主动适应气候变化、完善政策体系和支撑保障、积极参与应对气候变化全球治理 5 个方面。《报告》的第六章阐述了中方关于《联合国气候变化框架公约》第 27 次缔约方大会的基本立场和主张。《报告》全面总结了 2021 年以来我国各领域应对气候变化新的部署和政策行动,展示了我国应对气候变化工作的新进展和新成效,以及为推动应对气候变化全球治理所做出的贡献。

三、清洁能源发展情况

美国进行气候投资，清洁能源产业受益。美国《通胀削减法案》提出，将3690 亿美元用于气候投资。在 3690 亿美元中，超 600 亿美元用于提高美国能源安全并加速国内制造，投资项目全面涵盖新能源行业各细分领域，对新能源汽车、光伏、风电、储能、氢能等清洁能源相关领域均给予了较大力度的政策与税收补贴支持。这些投资涉及的关键项目有加速制造太阳能电池板、风力涡轮机、电池和关键矿物的税收抵免项目，投资规模约为 300 亿美元；建立电动汽车工厂、生产风力涡轮机和太阳能电池板的制造工厂等清洁技术制造设施的税收减免项目，投资规模约为 100 亿美元；在全国建立全新清洁汽车制造工厂的贷款项目，投资规模约为 200 亿美元；改造现有汽车制造设施的补助项目，投资规模约为 20 亿美元；支持国家实验室加速实现突破性能源研究，投资规模约为 20 亿美元。美国这项法案有助于本国新能源车、光伏、氢能等清洁能源产业快速发展。

欧盟制定提高 2030 年可再生能源占比目标。2023 年 3 月，欧盟轮值主席国瑞典宣布，欧洲理事会和欧洲议会就新的可再生能源指令达成临时政治协议：到 2030 年将欧盟可再生能源占最终能源消费总量的比例由目前的 32% 提高到 42.5%。这一比例高于欧盟委员会在 2021 年应对气候变化一揽子计划中提出的 40% 的目标。为实现这一目标，在工业方面，欧盟国家需要每年增加1.6% 的可再生能源使用量。到 2030 年，工业过程中使用的氢气必须有 42% 来自可再生能源，到 2035 年这一比例将增加至 60%。

欧盟 9 国建立地中海绿色能源枢纽。2023 年 5 月，地中海地区的 9 个欧盟成员国（马耳他、克罗地亚、塞浦路斯、法国、希腊、意大利、葡萄牙、斯洛文尼亚、西班牙）能源部长在马耳他首都瓦莱塔举行会议，同意建立地中海绿色能源枢纽。会议结束后 9 国发布了联合声明，同意优先投资海上可再生能源、太阳能光伏发电系统、可再生能源制氢等领域，地中海地区可以成为可再生能源投资中心。

国际能源署预测全球太阳能发电量将在 4 年内赶超煤炭发电量。2023 年3 月，国际能源署发布消息，称到 2027 年太阳能发电有望超过煤炭发电，成为主要的发电方式。这一转变的重要驱动力是太阳能电力的安装成本大幅下降。自 2009 年以来，公用事业规模的太阳能建设和运营平均成本持续下降, 2021 年大约每兆瓦时 36 美元，与 2009 年相比下降了大约 90%。国际能源署预测未来 5 年在新建的电力设施中，利用太阳能发电的设施几乎会占到 60%。各国都出台相应政策支持发展太阳能发电，欧盟计划到 2025 年太阳能光伏发电装机容量比 2020 年增加一倍以上，达到 320 吉瓦，到 2030 年达到 600 吉瓦。美国的《通胀削减法案》给予太阳能开发商 10 年内享受一定的税收抵免优惠政策。

2022 年英国风力发电创纪录。根据英国国家电网的数据，2022 年英国风力发电量创历史纪录，风力发电量占全国发电量的 26.8%，仅次于天然气发电量（38.5%）。随着英国建设了越来越多的可再生能源发电装机，包括风电和太阳能发电，许多电力都来自这些绿色能源。2022 年，48.5% 的电力来自可再生能源和核能（风力发电占 26.8%，核能发电占 15.5%，太阳能发电占 4.4%，氢能发电占 1.8%），超过化石燃料、天然气和煤炭发电。2022 年，英国煤炭发电量占全国发电量的 1.5%，2012 年这一比例为 43%。

2022 年，全球清洁能源投资首次与化石燃料投资持平。2023 年 1 月，彭博新能源财经发布了《能源转型投资趋势》报告。报告数据显示，2022 年全球清洁能源投资达到 1.1 万亿美元，比 2021 年增长了 31%，创历史新高。排名前 10 位的国家共投资了 8910 亿美元，占世界总投资的 81%。排名第一位的中国投资 5460 亿美元，占全球投资总额的近一半；排第二位的美国投资 1410 亿美元，占比为 12.8%；排第三位的德国投资 550 亿美元，占比为 5%；排第四位的法国投资 290 亿美元，占比为 2.6%；排第五位的英国投资 280 亿美元，占比为 2.5%；排第六位的日本投资 230 亿美元，占比为 2.1%；排第七位的韩国投资 190 亿美元，占比为 1.7%；印度和西班牙并列第八，均投资 170 亿美元，占比为 1.5%；排第十位的意大利投资 160 亿美元，占比为 1.45%。

2022 年中国工业节能减排发展状况

第一节 工业发展概况

一、总体发展情况

中华人民共和国国家统计局（以下简称国家统计局）数据显示，2022 年，全国 GDP 达到 121.0 万亿元，比 2021 年增长 3.0%，两年平均增长 5.6%。其中，第二产业增加值为 48.3 万亿元，比 2021 年增长 3.8%，占全国 GDP 的 39.9%。全部工业增加值约为 40.2 万亿元，比 2021 年增长 3.4%，增速明显回落，如图 2-1 所示。2022 年，规模以上工业增加值增长 3.6%，较 2021 年下降

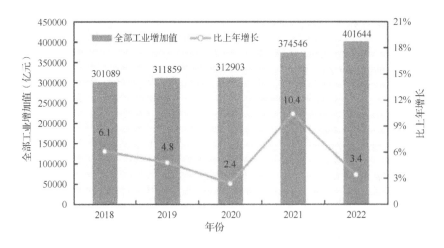

图 2-1 2018—2022 年全部工业增加值及其增长速度变化情况

（数据来源：国家统计局）

6.0 个百分点（见表 2-1）。在规模以上工业中，分经济类型看，国有控股企业增加值增长 3.3%，较 2021 年下降 4.7 个百分点；股份制企业增加值增长 4.8%，较 2021 年下降 5.0 个百分点；外商及港澳台商投资企业增加值下降 1.0%；私营企业增加值增长 2.9%，较 2021 年下降 7.3 个百分点。分门类看，采矿业增长 7.3%，较 2021 年提高 2.0 个百分点；制造业增长 3.0%，较 2021 年下降 6.8 个百分点；电力、热力、燃气及水生产和供应业增长 5.0%，较 2021 年下降 6.4 个百分点。2018—2022 年全部工业增加值和规模以上工业增加值同比变化如表 2-1 所示。

表 2-1 2018—2022 年全部工业增加值和规模以上工业增加值同比变化

年份	全部工业增加值 （亿元）	全部工业增加值同比变化 （%）	规模以上工业增加值同比变化 （%）
2018 年	301089	6.1	6.2
2019 年	311859	4.8	5.7
2020 年	312903	2.4	2.8
2021 年	374546	10.4	9.6
2022 年	401644	3.4	3.6

数据来源：国家统计局

在 2022 年规模以上工业中，农副食品加工业增加值比 2021 年增长 0.7%，纺织业下降 2.7%，化学原料和化学制品制造业增长 6.6%，非金属矿物制品业下降 1.5%，黑色金属冶炼和压延加工业增长 1.2%，通用设备制造业下降 1.2%，专用设备制造业增长 3.6%，汽车制造业增长 6.3%，电气机械和器材制造业增长 11.9%，计算机、通信和其他电子设备制造业增长 7.6%。

2018—2022 年主要工业产品产量变化如表 2-2 所示。

表 2-2 2018—2022 年主要工业产品产量变化

主要工业产品名称	单位	2018 年	2020 年	2022 年
原煤	亿吨	37	39	46
原油	万吨	18932	19477	20472
天然气	亿立方米	1602	1925	2201
焦炭	万吨	44834	47116	47344
发电量	亿千瓦时	71661	77791	88487
火电	亿千瓦时	50963	53302	58888
水电	亿千瓦时	12318	13552	13522

续表

主要工业产品名称	单位	2018 年	2020 年	2022 年
10 种有色金属	万吨	5894	6188	6774
精炼铜	万吨	978	1003	1106
原铝（电解铝）	万吨	3683	3708	4021
生铁	万吨	77988	88898	86383
钢	万吨	92904	106477	101796
成品钢材	万吨	113287	132489	134034
水泥	万吨	223610	239471	212951
平板玻璃	万重量箱	93963	95228	101621
硫酸	万吨	9209	9238	9505
氢氧化钠（烧碱）	万吨	3475	3674	3981
碳酸钠（纯碱）	万吨	2648	2812	2920
乙烯	万吨	1862	2160	2898
农用氮、磷、钾化肥	万吨	5404	5496	5573
化学纤维	万吨	5418	6125	6698
纱	万吨	3079	2618	2719
布	亿米	698	459	468
原盐	万吨	6364	5853	5360
糖	万吨	1199	1431	1487
卷烟	亿支	23376	23864	24322
空调	万台	20956	21035	22247
家用电冰箱	万台	8109	9015	8664
彩色电视机	万台	19695	19626	19578
汽车	万辆	2783	2532	2718
轿车	万辆	1217	924	1047
大中型拖拉机	万台	26	35	40
集成电路	万块	18526000	26142259	32419000
程控交换机	万线	1037	703	884
手机	万台	180051	146962	156080
微型电子计算机	万台	31580	37800	43418
发电机组（发电设备）	万千瓦	10903	13384	18376
复印和胶版印制设备	万台	576	311	365

数据来源：国家统计局

新产业新业态新模式较快成长。2022 年，在全年规模以上工业中，高技术制造业增加值比 2021 年增长 7.4%，占规模以上工业增加值的 15.5%；装备制造业增加值增长 5.6%，占规模以上工业增加值的 31.8%。2022 年，在全年规模以上服业中，战略性新兴服务业企业营业收入比 2021 年增长 4.8%。2022 年全年高技术产业投资比 2021 年增长 18.9%。全年新能源汽车产量为 700.3 万辆，比 2021 年增长 90.5%；太阳能电池（光伏电池）产量为 3.4 亿千瓦，比 2021 年增长 46.8%。全年电子商务交易额为 43.8 万亿元，按可比口径计算，比 2021 年增长 3.5%。全年网上零售额为 13.8 万亿元，按可比口径计算，比 2021 年增长 4.0%。全年新登记市场主体 2908 万户，日均新登记企业 2.4 万户，年末市场主体总数近 1.7 亿户。

2022 年，全年规模以上工业企业利润为 8.4 万亿元，比 2021 年下降 4.0%。分经济类型看，国有控股企业利润为 2.4 万亿元，比 2021 年增长 3.0%；股份制企业利润为 6.1 万亿元，比 2021 年下降 2.7%，外商及港澳台商投资企业利润为 2.0 万亿元，比 2021 年下降 9.5%；私营企业利润为 2.7 万亿元，比 2021 年下降 7.2%。分门类看，采矿业利润为 1.6 万亿元，比 2021 年增长 48.6%；制造业利润为 6.4 万亿元，比 2021 年下降 13.4%；电力、热力、燃气及水生产和供应业利润为 4315 亿元，比 2021 年增长 41.8%。全年规模以上工业企业每百元营业收入中的成本为 84.72 元，比 2021 年增加 0.91 元；营业收入利润率为 6.09%，比 2021 年下降 0.64 个百分点。2022 年年末规模以上工业企业资产负债率为 56.6%，比 2021 年上升 0.3 个百分点。2022 年全年全国工业产能利用率为 75.6%。

二、重点行业发展情况

从中华人民共和国工业和信息化部（以下简称工业和信息化部）官方网站的数据来看，2022 年，我国工业行业发展总体保持平稳，新能源汽车产销同比增长较高。

钢铁行业：钢铁行业 PMI 是钢铁行业反映景气度变化的重要评价指标。2022 年全年，钢铁 PMI 整体出现两次"高开低走"趋势。PMI"高点"出现在 1 月、2 月、8 月和 9 月，分别为 47.5、47.3、46.1 和 46.6。7 月降至最低点，为 33.0。从分项指数来看，钢铁生产 PMI 与 PMI 变化趋势基本一致，1 月生产 PMI 处在枯荣线 50 以上，为 53.4；2 月略低于枯荣线 50，为 49.2，之后出现较大下跌，7 月降至最低点，为 26.1。出口订单 PMI 表现优于新订单 PMI，具体变化情况如表 2-3 所示。

表 2-3　2022 年钢铁行业 PMI 变化

月份	PMI	生产 PMI	新订单 PMI	出口订单 PMI	产成品库 PMI	购进价 PMI
1 月	47.5	53.4	40.6	45.0	36.7	57.8
2 月	47.3	49.2	43.2	47.3	35.9	58.1
3 月	44.3	45.4	39.3	42.9	31.2	65.2
4 月	40.5	38.6	33.6	44.5	41.4	73.4
5 月	40.9	42.7	32.4	40.9	49.9	35.6
6 月	36.2	34.1	25.9	47.1	48.0	29.7
7 月	33.0	26.1	25.9	39.4	33.0	24.6
8 月	46.1	47.4	43.1	51.6	31.9	44.0
9 月	46.6	47.9	45.3	52.8	34.7	42.9
10 月	44.3	38.8	43.4	47.7	36.1	39.9
11 月	40.1	39.3	34.5	45.8	37.4	38.0
12 月	44.3	43.4	38.9	50.1	41.6	59.8

数据来源：Wind 数据库

有色金属行业：2022 年，有色金属行业生产保持平稳，工业增加值同比增长 5.2%，较工业平均水平高 1.6 个百分点。10 种有色金属产量为 6774 万吨，同比增长 4.3%。其中，精炼铜产量为 1106 万吨，同比增长 4.5%；原铝产量为 4021 万吨，同比增长 4.5%。大宗产品价格呈区间震荡态势，碳酸锂价格同比上涨。大宗有色金属产品价格呈区间震荡态势，其中铜、铝、铅、锌现货每吨均价分别为 6.7 万元、2.0 万元、1.5 万元、2.5 万元，同比涨幅为 -1.5%、5.6%、0.1%、11.4%。镍、钴、电池级碳酸锂价格同比上涨明显，全年现货均价同比分别上涨 44.1%、18.2%、301.2%。进出口贸易保持较快增长。2022 年，有色金属进出口贸易总额为 3273 亿美元，同比增长 20.2%。进口方面，铜精矿、未锻轧铜及铜材的进口数量同比分别增长 8%、6.2%，铝土矿进口 1.25 亿吨，同比增长 16.8%。出口方面，未锻轧铝及铝材的出口数量、金额同比分别增长 17.6%、33.7%。从中国有色金属工业协会发布的行业景气指数变化来看，2022 年有色金属行业 4 类指数整体均呈下降态势（见表 2-4），仍然处在"正常"区间下部。

表 2-4　2022 年有色金属行业景气指数变化（2005 年的指数为 100）

月份	综合指数	先行指数	一致指数	滞后指数
1 月	28.6	85.5	74.9	95.0
2 月	27.9	86.2	73.8	87.9

续表

月份	综合指数	先行指数	一致指数	滞后指数
3 月	28.2	86.2	75.3	84.0
4 月	27.7	84.3	76.0	82.8
5 月	26.8	82.0	76.7	82.6
6 月	26.0	80.7	76.7	80.7
7 月	25.4	80.6	76.2	75.5
8 月	24.6	80.3	75.4	68.1
9 月	23.1	78.4	74.6	61.4
10 月	23.0	74.8	73.6	57.8
11 月	23.0	71.2	72.6	57.7
12 月	22.6	68.9	71.6	60.8

数据来源：中国有色金属工业协会

石化化工行业：2022 年，石化化工行业（不含油气开采）经济运行整体保持平稳，行业综合景气指数保持在 97.9～103.4 区间（见表 2-5 所示）。全年主要产品产量有增有减，其中，化学原料和化学制品制造业产能利用率为 76.7%，同比下降 1.4 个百分点，高于工业平均 1.1 个百分点。重点产品中，原油加工量为 6.8 亿吨，同比下降 3.4%；氢氧化钠、碳酸钠、硫酸、乙烯等大宗原料产量同比分别增长 1.4%、0.3%、−0.5%、−1%；合成树脂、合成橡胶、合成纤维聚合物等合成材料产量同比分别增长 1.5%、−5.7%、−1.5%；轮胎产量同比下降 5%；化学肥料总量（折纯）同比增长 1.2%。与此同时，价格出现高位震荡，全年化学原料和化学制品制造业出厂价格指数累计同比增长 7.7%；在重点关注的 30 个产品中，2022 年均价同比增长的有 18 个，占比约为 60%，其中氢氧化钠、氯化钾、甲苯的价格同比分别增长 58%、38%、33%；12 月份价格涨势趋缓。行业投资及出口增势良好，其中，化学原料和化学制品制造业投资同比增长 19%，高于工业平均 7.4 个百分点。

表 2-5　2022 年石化化工行业综合景气指数（2010 年的指数为 100）

月份	1 月	2 月	3 月	4 月	5 月	6 月
石化化工行业综合景气指数	99.5	100.4	102.6	103.3	103.4	101.0
月份	7 月	8 月	9 月	10 月	11 月	12 月
石化化工行业综合景气指数	100.7	98.5	97.9	99.3	101.3	101.9

数据来源：Wind 数据库

建材家居行业：2022 年，建材家居市场整体情况较 2021 年有所增长，全国规模以上建材家居卖场年销售额超过 1.1 万亿元。从中国建筑材料流通协会发布的 2022 年建材家居行业景气指数变化来看，市场整体仍面临压力。2022 年第二季度全国建材家居景气指数（BHI）表现优于其他季度，其中 5 月 BHI 为123.07，达到全年最高。第四季度 BHI 降至 100 以下，其中 11 月最低，12 月有所回升，11 月、12 月 BHI 分别为 86.52 和 88.93，如表 2-6 所示。

表 2-6　2022 年建材家居行业景气指数及其变化

月份	全国建材家居景气指数（BHI）	全国建材家居景气指数（BHI）：同比增减	全国建材家居景气指数（BHI）：环比增减
1 月	105.99	21.06	−17.24
2 月	102.97	23.00	−3.02
3 月	115.25	12.25	12.28
4 月	114.94	0.42	−0.31
5 月	123.07	−6.96	8.13
6 月	116.44	−4.55	−6.63
7 月	116.02	−4.82	−0.42
8 月	101.02	−24.74	−15.00
9 月	104.34	−34.29	3.32
10 月	98.12	−71.68	−6.22
11 月	86.52	−52.98	−11.60
12 月	88.93	−34.30	2.40

数据来源：中国建筑材料流通协会

机械行业：2022 年，我国汽车产销实现小幅增长，分别完成 2702.1 万辆和 2686.4 万辆，同比分别增长 3.4% 和 2.1%。其中，新能源汽车产销分别完成705.8 万辆和 688.7 万辆，同比分别增长 96.9% 和 93.4%。汽车整车出口 311.1 万辆，同比增长 54.4%。新能源汽车出口 67.9 万辆，同比增长 1.2 倍。2022 年，我国造船完工量、新接订单量和手持订单量以载重吨计分别占全球总量的47.3%、55.2% 和 49.0%，以修正总吨计分别占全球总量的 43.5%、49.8% 和42.8%，前述各项指标国际市场份额均保持世界第一。2022 年，我国造船完工量 3786 万载重吨，同比下降 4.6%，其中，海船为 1295 万修正总吨；新接订单量 4552 万载重吨，同比下降 32.1%，其中，海船为 2133 万修正总吨。截至2022 年 12 月底，手持订单量 10557 万载重吨，同比增长 10.2%，其中，海船为4530万修正总吨，出口船舶占总量的90.2%。

棉纺织行业：2022年，规模以上纺织企业工业增加值同比下降1.9%，营业收入为52564亿元，同比增长0.9%；利润总额为2067亿元，同比下降24.8%；行业亏损面21.4%，同比扩大4.3个百分点。规模以上企业纱、布、服装产量同比分别下降6.6%、6.6%、3.4%，化纤产量同比下降1.0%。行业平均用工人数为551万人，比2021年同期下降4.8%。全国限额以上单位消费品零售总额170903亿元，同比增长1.4%，其中，限额以上单位服装鞋帽、针纺织品类商品零售额同比下降6.5%，实物商品网上穿类商品零售额同比增长3.5%。我国纺织品服装累计出口3233亿美元，同比增长2.6%，其中，纺织品出口1480亿美元，同比增长2.0%；服装及衣着附件出口1754亿美元，同比增长3.2%。2022年，我国棉纺织行业景气指数全年位于荣枯线50以下。2022年年末，行业景气指数及产品销售、企业经营两项分项指数出现回升态势，具体变化情况如表2-7所示。

表2-7　2022年我国棉纺织行业景气指数及其变化

月份	棉纺织行业景气指数	棉纺织行业景气指数环比增减	棉纺织行业景气指数：生产	生产环比增减	棉纺织行业景气指数：产品销售	产品销售环比增减	棉纺织行业景气指数：企业经营	企业经营环比增减
1月	47.53	1.00	45.33	1.08	47.23	4.16	46.06	1.29
2月	46.39	-2.40	43.94	-3.07	49.55	4.91	45.79	-0.59
3月	49.08	2.69	49.93	5.99	48.08	-1.47	49.91	4.12
4月	46.85	-2.23	47.14	-2.79	46.16	-1.92	45.74	-4.17
5月	48.64	1.79	49.47	2.33	48.11	1.95	47.82	2.08
6月	46.57	-2.07	47.03	-2.44	45.82	-2.29	45.93	-1.89
7月	45.23	-1.34	45.02	-2.01	43.81	-2.01	45.09	-0.84
8月	48.62	3.39	49.66	4.64	47.37	3.56	48.10	3.01
9月	49.72	1.10	51.67	2.01	48.47	1.10	48.72	0.62
10月	47.34	-2.38	47.65	-4.02	46.38	-2.09	47.27	-1.45
11月	47.15	-0.19	47.99	0.34	45.41	-0.97	46.34	-0.93
12月	49.94	2.79	47.67	-0.32	49.61	4.20	49.53	3.19

数据来源：中国棉纺织行业协会

轻工行业：2022年，全国家用电冰箱产量为8664.4万台，同比下降3.6%；房间空气调节器产量为2.2亿台，同比增长1.8%；家用洗衣机产量为9106.3万台，同比增长 4.6%。规模以上家具制造业企业营业收入为 7624.1 亿元，同比下降 8.1%；实现利润总额 471.2 亿元，同比增长 7.9%。规模以上皮革、毛皮、羽毛及其制品和制鞋业企业营业收入为 1.1 万亿元，同比下降 0.4%；实现利润总额 614.4 亿元，同比增长 3.3%。2022 年全年，全国塑料制品行业产量为 7771.6 万吨，同比下降 4.3%。全国机制纸及纸板产量为 1.4 亿吨，同比下降 1.3%。规模以上造纸和纸制品业企业营业收入为 1.5 万亿元，同比增长 0.4%。

电子信息制造业：2022 年，我国电子信息制造业生产保持稳定增长，出口增速有所回落，营收增速小幅下降，投资保持快速增长。全年规模以上电子信息制造业增加值同比增长 7.6%，分别超出工业、高技术制造业 4 个百分点和 0.2 个百分点。在主要产品中，手机产量为 15.6 亿台，同比下降 6.2%，其中智能手机产量为 11.7 亿台，同比下降 8%；微型计算机设备产量为 4.34 亿台，同比下降 8.3%；集成电路产量为 3242 亿块，同比下降 11.6%。据中华人民共和国海关总署（以下简称海关总署）统计，2022 年，我国出口笔记本电脑 1.66 亿台，同比下降 25.3%；出口手机 8.22 亿台，同比下降 13.8%；出口集成电路 2734 亿块，同比下降 12%。2022 年，电子信息制造业实现营业收入 15.4 万亿元，同比增长 5.5%。电子信息制造业固定资产投资同比增长 18.8%，比同期工业投资增速高 8.5 个百分点，但比高技术制造业投资增速低 3.4 个百分点。

第二节　工业能源资源消费状况

一、能源消费情况

我国是能源消费大国。据《中华人民共和国 2022 年国民经济和社会发展统计公报》初步核算，2022 年全年能源消费总量为 54.1 亿吨标准煤，比 2021 年增长 2.9%。煤炭消费量增长 4.3%，原油消费量下降 3.1%，天然气消费量下降 1.2%，电力消费量增长 3.6%。煤炭消费量占能源消费总量的 56.2%，比 2021 年上升 0.3 个百分点；天然气、水电、核电、风电、太阳能发电等清洁能源消费量占能源消费总量的 25.9%，上升 0.4 个百分点。重点耗能工业企业单位电石综合能耗下降 1.6%，单位合成氨综合能耗下降 0.8%，吨钢综合能耗上升 1.7%，单位电解铝综合能耗下降 0.4%，每千瓦时火力发电标准煤耗下降 0.2%。全国万元国内生产总值二氧化碳排放下降 0.8%。

我国的能源消费总量在增长，同时能源消费结构在向更加清洁、更加可持续的方向发展，清洁能源替代作用逐年增强。煤炭在我国能源消费总量中的比重逐年下降，清洁能源消费的比重逐年上升，2022 年我国清洁能源消费量占能源消费总量的比重为 25.9%。2018—2022 年我国清洁能源消费量占能源消费总量的比重如图 2-2 所示。

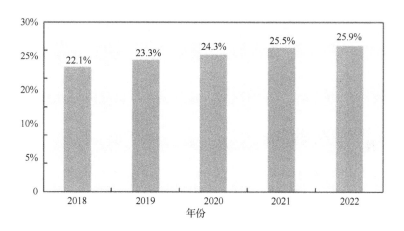

图 2-2　2018—2022 年我国清洁能源消费量占能源消费总量的比重
（数据来源：国家统计局）

　　2022 年年末，全国发电装机容量为 25.6 亿千瓦，比 2021 年年末增长 7.8%。其中，火电装机容量为 13.3 亿千瓦，增长 2.7%；水电装机容量 4.1 亿千瓦，增长 5.8%；核电装机容量为 0.6 亿千瓦，增长 4.3%；并网风电装机容量为 3.7 亿千瓦，增长 11.2%；并网太阳能发电装机容量为 3.9 亿千瓦，增长 28.1%。

二、资源开发利用情况

　　水资源：《2022 年中国自然资源统计公报》显示，2022 年，我国全年水资源总量 26634 亿立方米。全年总用水量 5997 亿立方米，比 2021 年增长 1.3%。其中，生活用水下降 0.5%，工业用水下降 7.7%，农业用水增长 3.7%，人工生态环境补水增长 8.3%。万元国内生产总值用水量 53 立方米，下降 1.6%。万元工业增加值用水量 27 立方米，下降 10.8%。人均用水量 425 立方米，增长 1.3%。

　　土地资源：《2022 年中国自然资源统计公报》显示，全年全国国有建设用地供应总量 76.6 万公顷，比 2021 年增长 10.9%。其中，工矿仓储用地 19.8 万公顷，增长 13.2%；房地产用地 11.0 万公顷，下降 19.4%；基础设施及其他用地 45.8 万公顷，增长 20.7%。

矿产资源：《2022 年中国自然资源统计公报》显示，截至 2021 年年末，全国已发现 173 种矿产。其中，能源矿产 13 种，金属矿产 59 种，非金属矿产 95 种，水气矿产 6 种。其中，石油、天然气、煤炭储量分别为 36.9 亿吨、6.3 万亿立方米、2078.9 亿吨，铁矿、锰矿、铬铁矿、钒矿（五氧化二钒）、原生钛铁矿（二氧化钛）、铝土矿储量分别为 161.2 亿吨、2.8 亿吨、308.6 万吨、786.7 万吨、2.1 亿吨、7.1 亿吨，铜矿、铅矿、锌矿、镍矿、锡矿、钼矿、锑矿储量分别为 3494.8 万吨、2040.8 万吨、4422.9 万吨、422.0 万吨、113.1 万吨、584.9 万吨、64.1 万吨。

三、污染治理情况

《2022 年中国生态环境状况公报》数据显示，全国生态环境质量保持改善态势。

工业废气方面：2022 年，全国统计调查的涉气工业企业废气治理设施共有 394604 套，二氧化硫去除率为 96.5%，氮氧化物去除率为 75.1%。

工业废水方面：2022 年，全国统计调查的涉水工业企业废水治理设施共有 72854 套，化学需氧量去除率为 97.9%，氨氮去除率为 98.9%。

一般工业固体废物方面：2022 年，全国一般工业固体废物产生量为 41.1 亿吨，综合利用量为 23.7 亿吨，处置量为 8.9 亿吨。

第三节　工业节能减排状况

一、工业节能进展

推进重点行业节能提效。发布实施《工业能效提升行动计划》，发布 17 个高耗能行业重点领域节能降碳改造升级实施指南，以及国家工业和信息化领域节能技术装备产品目录，促进企业节能降碳、降本增效。2012—2021 年规模以上工业单位增加值能耗累计下降约 36.2%。2021 年，钢铁、电解铝、水泥熟料、平板玻璃等单位产品综合能耗较 2012 年下降了 9% 以上，全国火电机组每千瓦时煤耗下降到 302.5 克标准煤，均处于世界领先水平。2022 年，我国在重点行业领域创建 43 家能效领跑者企业。

加快高效用能设备推广应用。发布《重点用能产品设备能效先进水平、节能水平和准入水平（2022 年版）》《电机能效提升计划（2021—2023 年）》《变压器能效提升计划（2021—2023 年）》等政策文件，推动高效用能设备加快普及。2022 年，高效节能电机、高效节能变压器新增占比均超过 60%，在役占比分别达到 14.8%、10.5%。

推进原燃料替代。稳步推进氢能、生物燃料等替代能源在钢铁、水泥、化工等行业和领域的应用。聚焦重点用煤行业、领域，推动煤炭逐步向清洁燃料、优质原料和高质材料转变。据初步测算，我国工业领域用作原料、材料的煤炭年转化量超过 1 亿吨标准煤。

二、工业节水进展

随着工业节水工作的推进，我国工业用水总量呈下降态势，2022 年全年工业用水下降 7.7%。聚焦重点用水行业和重点缺水地区，深入实施工业水效提升行动，推广先进适用技术装备，遴选 115 家水效领跑者企业、园区，推进工业废水循环利用，遴选 32 家企业和园区开展试点。工业用水总量和强度大幅下降，2022 年全国工业用水量（取新水量）较 2012 年下降 29.8%，万元工业增加值用水量较 2012 年下降 60.4%。工业重复用水率稳步提升，规模以上工业重复用水率连续 10 年提高，2022 年超过 93%，钢铁、石化化工行业分别超过 97% 和 95%，处于国际先进水平。

三、工业减排进展

通过源头减量、过程控制和末端高效治理，系统化提升工业污染物治理效能。发布《电器电子产品有害物质限制使用管理办法》，截至 2023 年 4 月，2.4 万余种电器电子产品达到管控要求，行业覆盖率超过 70%。发布《汽车有害物质和可回收利用率管理要求》，2022 年乘用车单车铅含量（除铅蓄电池外）较 2015 年下降 50%，累计削减铅使用量超过 1 万吨。环保装备制造业总产值由 2012 年的 3500 亿元上升到 2022 年的 9600 亿元，年复合增长率超过 10%。截至 2022 年年底，培育环保装备骨干企业 268 家，绿色环保领域制造业单项冠军企业 12 家；在 8997 家专精特新"小巨人"企业中，绿色环保领域企业占比超过 15%。综合能源服务、合同能源管理、合同节水管理、环境污染第三方治理、碳排放管理综合服务等新业态新模式不断涌现，为推动形成稳定、高效的治理能力提供了有力保障。

四、工业资源综合利用进展

加强再生资源高值化循环利用。持续实施废钢铁、废塑料、废旧轮胎、废纸、新能源汽车废旧动力蓄电池等再生资源综合利用行业规范管理，培育 973 家规范企业。与 2012 年相比，2022 年 10 种重要再生资源综合利用总量提高约 1.4 倍。实施覆盖动力电池全生命周期的流向溯源管理，推动汽车生产企业、梯次利用企业设立回收网点 10000 余个，覆盖全国 31 个省（区、市）的327 个地区。培育梯次利用和再生利用骨干企业 84 家，骨干企业动力电池金属再生利用率处于国际先进水平，梯次利用产品已应用于低速车、基站备电、储能等领域。

推进工业固废规模化综合利用。发布《关于加快推动工业资源综合利用的实施方案》，实施京津冀及周边地区工业资源综合利用产业协同转型提升计划，创建 60 个工业资源综合利用基地，探索资源型地区和大型产废企业绿色转型路径。工业固废已成为水泥等重要工业产品的有效替代原料，部分固废"以渣定产"等典型发展模式加快形成。推动新兴固废领域开展技术创新攻关和产业化应用，部署退役光伏、风力发电装置等新兴固废综合利用。

第三章

2022 年中国工业节能环保产业发展

第一节 总体状况

一、发展形势

节能环保产业是战略性新兴产业的重要组成部分，是推动经济结构和产业结构调整、促进生态文明建设的关键环节。节能环保产业包括高效节能、先进环保、资源循环利用 3 个细分产业。2021 年，节能环保产业总产值超过 8 万亿元，年增速达 10% 以上。节能环保产业中的中小企业占 85% 以上，规模以上企业约 2.7 万家。

从技术水平来看，节能环保产业已经形成产品门类齐全的产品体系，主要装备已基本实现国产化。固体电热储能锅炉等高效节能通用设备、电缸抽油机等高效节能专用设备，以及立体卷铁心结构变压器、稀土永磁无铁芯电机等高效节能装备的节能效果已达到国际先进水平。市政污水处理装备、烟气除尘脱硫装备、垃圾焚烧装备等，其技术性能一般可以达到甚至超过国外同类产品的技术性能，工业固废制建材产品、再生资源自动分选等综合利用装备水平居世界前列。

从区域分布来看，节能环保产业分布与经济发展水平基本保持一致。东部沿海地区，已形成环渤海、长三角、珠三角三大主要产业聚集区；江苏、浙江、山东、广东、北京、上海等省市已成为引领并带动全国节能环保产业发展的策源地；位于长江流域中西部地区的四川、湖南、湖北、重庆等省市的产业发展增速明显，正成为节能环保产业的重要增长引擎。

二、发展现状

（一）"双碳"目标任务下密集部署节能减污减碳、绿色发展等工作

各部委认真落实党中央、国务院关于碳达峰碳中和的决策部署，加快制定出台分领域、分行业实施方案和支撑保障措施，碳达峰碳中和"1+N"政策体系逐步建立，各领域重点工作有序推进。特别是《关于严格能效约束推动重点领域节能降碳的若干意见》《高耗能行业重点领域能效标杆水平和基准水平（2021 年版）》《高耗能行业重点领域节能降碳改造升级实施指南（2022 年版）》等文件发布以来，对传统行业重点领域节能降碳改造提出了更高要求，同时也为节能环保产业发展创造了广阔的市场空间。

（二）产业生态更加优化，创新能力不断增强

节能环保产业加速企业"洗牌"，国有企业特别是中央企业积极履行社会责任，通过投资参股、兼并重组等方式进军节能环保产业，发展成为行业领军企业。国有企业因具有较强资金实力和科技研发能力，是引领行业创新发展的中坚力量。同时，一批深耕细分领域的专精特新中小企业成为推动行业创新发展的生力军。国务院印发的《提升中小企业竞争力若干措施》，进一步加强了政策支持的精准性、有效性，将惠及节能环保产业。截至 2022 年年底，累计培育环保装备骨干企业 268 家，绿色环保领域制造业单项冠军企业 12 家；在 8997 家专精特新"小巨人"企业中，绿色环保领域的企业占比超过 15%。

（三）产业发展支持政策更加完善

财政方面，2022 年国家用于环境保护的财政支出为 5396 亿元，虽然随着我国蓝天、碧水、净土三大保卫战取得重要成效，2019 年以来国家财政用于环境保护的资金呈下降趋势（见图 3-1），但是不少经济大省的节能环保支出占公共预算的支出还在持续增长。广东省 2022 年节能环保支出达 457.61 亿元，是节能环保支出最高的省份，2023 年预算同比增长 1.1%。2022 年，北京市和上海市节能环保支出分别为 162.5 亿元、203.8 亿元，预计 2023 年达到 176 亿元、239.5 亿元，同比增长 8.3%、17.5%。税收方面，进一步修订了节能环保企业所得税优惠目录。金融方面，2021 年先后设立煤炭清洁高效利用专项再贷款，中国人民银行推出碳减排支持工具等，将带动节能环保、清洁生产、清洁能源等

绿色相关产业投资。

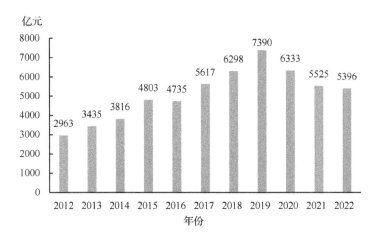

图 3-1　2012—2022 年国家环境保护财政支出

（数据来源：中国节能协会节能服务产业委员会）

第二节　节能产业

　　节能产业是指采用新材料、新装备、新产品、新技术和新服务模式，在全社会能源生产和能源利用的各领域，尽可能地减少能源资源消耗和高效合理利用能源的产业。根据国家统计局《节能环保清洁产业统计分类（2021）》（2021 年 7 月 26 日，第 34 号令），节能产业包括高效节能通用设备制造、高效节能专用设备制造、高效节能电气机械和器材制造、节能计控设备制造、绿色节能建筑材料制造、节能工程勘察设计与施工、节能技术研发与技术服务等 7 个大类 23 个小类。"十一五"以来，在国家政策推动下，我国节能产业蓬勃发展，技术水平不断提升，产业规模不断扩大，从业人员不断增加，为促进我国节能减排事业和经济高质量发展做出重要贡献。

一、发展特点

（一）规模、效益与创新并进，盈利水平阶段性下降

　　2022 年，我国节能产业总产值约为 3.3 万亿元。其中，节能产品产值约为 1.5 万亿元；重大节能技术与装备产业产值约为 1.2 万亿元，节能服务业产值约

0.6 万亿元 。根据中国节能协会节能服务产业委员会统计，截止到 2022 年年底，全国从事节能服务业务的企业数量达到 11835 家，同比增速达 35.6%，如图 3-2 所示。从业人员达到 88.6 万人，同比增长 5.4%，如图 3-3 所示。节能服务产业总产值为 5110 亿元，同比下降 15.8%，企业盈利水平出现下降，如图 3-4 所示。

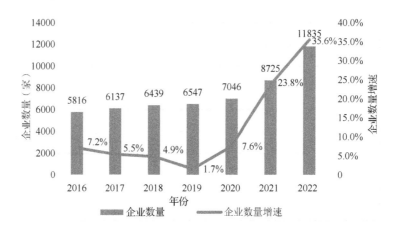

图 3-2　2016—2022 节能服务企业数量及其增速变化

（数据来源：中国节能协会节能服务产业委员会）

图 3-3　2016—2022 节能服务从业人员数量及其增速变化

（数据来源：中国节能协会节能服务产业委员会）

图 3-4　2016—2022 节能服务产业总产值及其增速变化

（数据来源：中国节能协会节能服务产业委员会）

（二）项目投资持续增长，减碳能力超过亿吨

2022 年，新增合同能源管理项目投资 1654.1 亿元，比 2021 年同期增长 9.5%（见图 3-5）。合同能源管理项目新增投资相应形成节能能力 4647 万吨标准煤，相当于减排二氧化碳 11432 万吨。工业领域产值出现明显下降，但仍贡献了七成的年节能能力，且项目投资回收期相对更短。

图 3-5　2016—2022 合同能源管理项目投资及其增速变化

（数据来源：中国节能协会节能服务产业委员会）

（三）科技创新与模式创新驱动产业发展

在产业创新方面，新技术、新业态、新模式为产业提供了新的发展引擎。节能服务公司的技术创新成果丰硕，为行业的健康持续发展赋予了关键力量。数字化、智慧化与节能服务的深度融合，有效提升了产业效率，大幅提高了能源管理的效率和智能化水平。节能服务公司为适应新的市场需求，提出合同"双碳"服务等新模式。

二、典型企业

（一）双良节能系统股份有限公司

双良节能系统股份有限公司（以下简称双良节能）成立于 1982 年，经过 40 余年的专注与创新，集节能环保、清洁能源、生物科技、化工新材料于一体，拥有 22 家全资和控股企业，连续多年名列中国企业 500 强、中国制造企业 500 强，世界 500 强企业中有 300 多家企业是双良的合作伙伴。双良节能以绿色环保为己任，不断开拓创新，在"节能节水、清洁能源"等领域形成核心竞争力，致力于成为领先的数字化驱动的全生命周期碳中和解决方案服务商；溴化锂机组及智能化全钢结构间接空冷系统被认定为"单项冠军产品"，被央视聚焦纪录誉为"造福人类，大国重器"。双良节能不仅荣获中国工业大奖企业奖与项目奖双料大奖，还是国家首批服务型制造示范企业。

1. 经营状况

截至 2022 年年底，双良节能总资产约 219.4 亿元，同比增长 144.05%；营业收入达 144.76 亿元，同比增长 277.99%；净利润为 9.57 亿元，同比增长 208.43%；双良节能股票（600481）基本每股收益 0.58 元。

2. 主要节能技术

（1）溴化锂吸收式技术

一是溴化锂吸收式中央空调系统。双良节能具备 40 余年节能设备研发制造经验，拥有大型制冷/热泵设备研发制造基地，是我国溴化锂吸收式制冷/热泵国家标准的参与制定者，该企业的溴化锂吸收式技术被工业和信息化部评为"制造业单项冠军产品"，机组整机泄漏率优于国外标准 4 个数量级，机组 COP 值达到世界先进水平。全球范围内，双良节能已有 30000 多台节能环保装备正在稳定运行，分布于民用、工业等各个领域，产品远销全球 100 多个国家和地区。

二是燃气轮机进气冷却系统。基于多年对燃气轮机和制冷技术的了解，双良节能开发出吸收式进气冷却技术：将溴化锂吸收式冷水机组制取的冷水作为冷源，冷却压气机进口的空气，将其冷却到 ISO（International Organization for Standardization，国际标准化组织）工况的 15℃，从而恢复燃气轮机的额定出力，使发电输出提升 15%～20%，燃气轮机效率提升 3.8%～5%，成为夏季用电高峰时发电不足的最佳解决方案。

三是分布式能源系统。双良节能连续 7 年荣获"中国分布式能源优秀项目特等奖"。双良节能已在冷热电联供方面进行了大量的技术研发、试验研究和产品开发，取得了几十项技术成果，包括专利和技术方案；获得授权专利 69 项，其中 19 项为发明专利。双良节能是国内冷热电联供分布式能源系统的推动者和引领者，全球 200 多个分布式能源系统使用了双良溴化锂机组，为国内外用户提供了 500 多套冷热电联供系统解决方案，包括上海迪士尼乐园、国家会展中心（上海）、武汉国际博览中心、北京南站等多个特定场所，为城市节约能源、减少雾霾发挥了关键性作用。

四是工业余热利用系统。双良节能利用各种先进的节能技术，有效回收企业生产工艺中产生的各种低品位废（余）热，提供企业生产或生活需要的冷水、热水或蒸汽，变废为宝，有效降低了企业生产过程中一次能源的消耗，实现节能减排，发展循环经济，创造绿色 GDP。近 40 年来，双良节能已经为热电、钢铁、冶金、石化、化工、纺织、生化、建材等行业提供了大量的节能系统集成解决方案和节能设备。

五是多能互补清洁供热系统。双良节能于 1992 年研发成功溴化锂吸收式热泵，2001 年双良节能的溴化锂吸收式热泵在供热领域开始大规模应用，2011 年双良节能的溴化锂大温差换热机组在热网侧开始大量应用。经过 20 多年的深耕，双良节能逐步形成了由热电联产热源侧余热回收、热网侧大温差供热，以及独立热源余热回收节能供热 3 部分构成的多能互补清洁供热系统。

（2）电驱动制冷/热泵技术

一是磁悬浮系列。双良节能高效磁悬浮变频离心式冷水机组，采用高效磁悬浮变频离心式无油压缩机，制冷综合能效 IPLV（Integrated Part Load Value，综合部分负荷性能系数）达到 10.0 以上，比传统螺杆和离心冷水机组节电 40%~50%。双良节能逐步形成了从传统螺杆和离心式冷水机组，到高效磁悬浮变频离心式冷水机组，以及高温出水的水源热泵和低环境温度的空气源热泵节能产品。

二是离心压缩系列。双良节能的离心式冷水机组采用高效半封闭两级离心式压缩机，定频或变频控制，水冷变频离心式冷水机组制冷综合能效 IPLV 达到国标一级能效，高温离心式水源热泵机组最高出水温度可达 72℃。

三是螺杆压缩系列。双良节能的螺杆式冷水机组采用高效半封闭双螺杆压缩机，定频或变频控制，水冷变频螺杆式冷水机组制冷综合能效 IPLV 达到国标一级能效，高温螺杆式水源热泵机组最高出水温度可达 82℃。

（二）上海节能技术服务有限公司

上海节能技术服务有限公司隶属于上海市能效中心（全称为上海市产业绿色发展促进中心），是上海市能效中心的全资子公司。上海市能效中心为上海市经济和信息化委员会直属事业单位。

上海节能技术服务有限公司是综合性节能环保服务机构，拥有一批学位为硕士、博士的专业技术人员和高级工程师，拥有各类节能专家 60 余名。公司主要提供能源审计、清洁生产审核、节能评估、节能量审核、能效检测、电平衡、热平衡、水平衡、水评估、能源管理体系咨询、项目节能诊断等服务。

1. 电平衡项目

上海节能技术服务有限公司是上海市电能平衡测试的服务机构，研究制定了电能平衡工作方法和深度要求，开发了相关电能平衡实施的软件。截至 2022 年年底，公司共完成了 1000 余家年用电量为 500 万千瓦时以上重点用电企业的电能平衡测试工作。

上海节能技术服务有限公司为上汽大众汽车有限公司开展了电能平衡测试项目，挖掘节能项目共计 21 项，节能潜力为 172.1 万千瓦时/年，节能率为 10.03%。其中，制冷系统节能潜力为 101.36 万千瓦时/年，系统节能率为 23.14%，年节能效益为 65.88 万元，投资回收期为 2 年；供配电系统节能潜力为 10.48 万千瓦时/年，系统节能率为 25%；泵系统节能潜力为 22.42 万千瓦时/年，系统节能率为 9.33%，年节能效益为 14.57 万元，投资回收期为 2.5 年；风机系统节能潜力为 4.65 万千瓦时/年，系统节能率为 3.32%；压缩机系统节能潜力为 19.38 万千瓦时/年，系统节能率为 6.96%，年节能效益为 12.60 万元，投资回收期为 2.5 年；照明系统节能潜力为 7.47 万千瓦时/年，系统节能率为 12.8%，年节能效益为 4.85 万元，投资回收期为 2.5 年；高效电机替换节能潜力为 6.33 万千瓦时/年，系统节能率为 1.64%。

2. 水平衡项目

上海节能技术服务有限公司是全市最早开展水平衡测试的机构之一。截至 2022 年年底，公司共完成了 156 个水平衡测试项目。

上海节能技术服务有限公司为上海和辉光电股份有限公司开展了水平衡测试项目。上海和辉光电股份有限公司成立于 2012 年 10 月，坐落于上海市金山区九工路，是国内首家专注于中小尺寸高解析 AMOLED 显示屏研发和生产的高新技术企业。公司首期项目（一期工厂/九工路 1568 号）斥资 70.5 亿元，建成了国内首条第 4.5 代低温多晶硅（LTPS）AMOLED 量产线。该项目作为上海市战略性投资项目，有利于带动玻璃基板、板材、有机蒸镀材料等上游产业同步发展，同时促进了自主电子装备产业的应用。为了进一步形成量产规模及升级生产工艺技术，公司二期项目（二期工厂/九工路 1533 号）斥资 270 亿元，于 2018 年年底新建成了一条第 6 代 AMOLED 生产线，并于 2019 年开始投入生产运行。

通过水平衡测试项目的实施，上海和辉光电股份有限公司收到了以下效果：一是普遍提高了企业全体员工对节约用水意义的思想认识，使企业全体员工树立了自身参与企业合理节约用水的自觉性；二是锻炼和培养了企业有关用水管理职能工作人员的业务水平，增加了他们的专业知识和技能，增强了他们今后继续做好节约用水管理工作的信心和决心；三是水平衡测试工作为企业今后进一步搞好科学规范管理用水工作奠定了坚实的基础，为企业向创建上海市节水型企业这一目标迈进创造了良好条件，使企业在今后的节约用水管理工作中能够取得更好、更多的效益和成绩；四是通过项目中实施的节水措施，年节约自来水 3500 吨。

第三节　环保产业

一、2022 年我国环保产业发展的基本情况

近年来，我国生态环保产业快速发展，产业规模持续扩大，生态环境领域科技创新取得进展。2022 年，生态环保产业全年营收约为 2.22 万亿元，较 2021 年同期增长约 1.9%，实现"十四五"良好开局。根据 Wind 数据，环保板块 136 家上市公司在 2022 年共实现营业收入 4162.98 亿元，同比增长 0.58%。其中，水务板块（14 家上市公司）全年实现营业收入 700.36 亿元，同比增长 5.42%；水处理板块（35 家上市公司）全年实现营业收入 492.48 亿元，同比下降 2.25%；大气治理板块（12 家上市公司）全年实现营业收入 421.45 亿元，同比增长 13.32%；固废板块（34 家上市公司）全年实现营业收入 1914.29 亿元，同比下降 0.26%；环境监测/检测板块（12 家上市公司）全年实现营业收入 140.33 亿元，同比减少 0.67%；园林板块（7 家上市公司）全年实现营业收入 186.15 亿元，同比下降 23.25%；环境修复板块（9 家上市公司）全年实现营业收入 61.66 亿元，同比下降 13.94%；环保设备板块（13 家上市公司）全年实现营业收入 246.26 亿元，同比增长 9.92%。

二、环保产业面临的主要机遇与挑战

不容忽视的是，受全球经济下行的影响和新冠疫情的冲击，我国生态环保产业的发展也正面临严峻考验。2022 年我国生态环保产业总体营收增速放缓，利润下降，亏损面扩大，应收账款问题突出，部分企业的经营陷入困境。

在"双碳"目标和美丽中国建设的宏观背景下，我国环保产业的发展主要面临 6 个方面的机遇，具体包括：绿色低碳，向更宽领域拓展；提质增效，向更深层次推进；科技引领，向更高质量迈进；系统协同，向一体化方向发展；服务提升，向专业化、综合化发展；模式创新，向可持续发展。

其中，"深入打好"污染防治攻坚战触及的污染防治矛盾问题层次更深、领域更广，要求生态环保产业进一步提升系统性、协同性、精准性，传统污染防治向提质增效更深层次推进，加速补齐污染治理短板，市场重点将逐渐向生态治理、农村乡镇转移。生态环保产业技术将从末端治理向源头控制转变、从过去的单因子控制向协同控制转变、从常规污染物控制向特殊污染物控制转

变、与新一代信息技术、生物技术等深入融合，呈现数字化、智能化、绿色化、低碳化等特点。

2023年，随着中央经济工作会议部署的财税、金融、投资等一系列稳增长、促发展政策逐步落地，预计生态环保产业投资将比2022年有较为明显的增长。

三、典型企业

（一）福建龙净环保股份有限公司

福建龙净环保股份有限公司（以下简称龙净环保）成立于1971年，是中国环保产业的领军企业和国际知名的环境综合治理服务企业、能源服务供应商。龙净环保于2000年12月在上海证券交易所A股成功上市，是我国大气环保装备行业的首家上市公司。公司现有总资产269亿元，员工超过7200名，其中科研人员超过2400名，在北京、上海、西安、武汉、天津、江苏、浙江、新疆、厦门等地建有研发和生产基地，构建了完整的全国性产业布局。

1. 主营业务及经营状况

50多年来，龙净环保始终专注于环保、节能领域的研发及应用，致力于提供综合治理系统解决方案，业务涵盖大气污染治理、水污染处理、固危废处置、土壤修复及生态保护、低碳节能等领域。公司高科技、全产业、一站式业务模式不断深化，已形成"高端装备制造、EPC工程服务、环保设施运营"相辅相成的业务模式。2021年，龙净环保实现营业收入112.97亿元，实现净利润达8.60亿元，经营活动产生的现金流量净额为12.14亿元，保持经营的稳健和规模性收益。公司主营业务中环保设备制造、项目运营收入、土壤修复均实现不同程度的增长，营业收入分别为102.24亿元、7.42亿元、0.94亿元，同比增速分别为6.70%、91.20%、408.42%。公司主要业务收入贡献来源仍以环保设备制造为主，但公司运营资产收入快速增加，后续为公司带来持续稳定的运营利润，同时公司新业务领域持续突破。运营资产规模增加、新兴业务突破将支撑公司业绩规模持续上升。2021年，公司签订工程合同共计110.46亿元，期末在手工程合同达到192.79亿元，在手工程及运营合同为公司持续的规模性盈利和业务规模的快速提升奠定了坚实的基础。

2. 竞争力分析

经过 50 多年的发展，龙净环保已形成富有自己特色的创新发展理念和企业管理模式。创新是龙净环保增长的核心动力，是公司生命的源泉，创新已成为公司主要的核心竞争力。龙净环保的技术和产品全面达到国际先进水平，部分达到国际领先水平，广泛应用于电力、钢铁、建材、石油石化、冶金、化工等工业领域。公司技术领先，体制机制灵活；品牌效应、人才及制造优势使公司在纷繁复杂、快速变化的环保行业始终保持稳定增长。

（1）技术优势

龙净环保把技术创新始终放在十分突出的战略位置，不断抢占环保技术的制高点，使公司始终站在行业技术进步的前沿。2021 年，公司承担国家级、省级课题 10 项，4 项新产品通过高规格专家鉴定，其中 3 项新产品总体达到国际领先水平，1 项新产品总体达到国际先进水平。公司参与完成的"工业烟气多污染物协同深度治理技术及应用"获国家科学技术进步奖一等奖；主持完成的"烟气治理装备模拟仿真技术开发与应用"获福建省科技进步奖二等奖；"多领域多污染物干式协同净化技术"获第二届促进金砖工业创新合作大赛二等奖；"变颜脉冲电源关键技术开发及应用"获环境技术进步奖二等奖；获国内首台套认定 1 项，省内首台套认定 2 项。2021 年，公司获授权专利 322 项，其中发明 38 项，截至 2023 年 6 月，公司拥有有效授权专利超 1600 项。

（2）良好的体制和治理优势

龙净环保建立并不断完善现代企业管理制度，实行公司所有权与经营权基本分离，决策效率高，经营机制灵活。公司战略目标明确、导向清晰，整体执行连贯坚定。公司持续改革，不断完善高适配度的运营管理体系。公司董事会、监事会、经营班子组织体系完善，职责明确，融合协同。公司管理团队以技术专家、业务核心人员为主，结构合理，团队人员具有高度的责任感和使命感。2020 年，公司启动 ERP（Enterprise Resource Planning，企业资源计划）工程，推动公司完成数字化管理系统的转型。

（3）品牌优势

龙净环保业务持续拓展，技术实力快速提升，带动公司品牌价值持续提升。龙净环保是国家创新型企业、国家技术创新示范企业、全国制造业单项冠军示范企业、全国质量管理先进企业、中国名牌产品、中国驰名商标、中国机械工业百强企业、全国首批"重合同、守信用"企业、国家知识产权示范企业。

2021年，公司荣登中国大气污染治理服务企业20强第一位；上榜中国环境企业50强第八名。公司品牌知名度与美誉度享誉全国，在国内外市场中享有很高的声誉。公司产品的质量稳定可靠，在众多重点工程和出口项目中长期稳定应用，深受用户欢迎，好评不断。

（4）企业文化和人才优势

龙净环保吸引并聚集了一批行业内国际国内的顶级专家和海归博士，自主培养了一批青年骨干人才，打造了一支拥有包括享受国务院政府特殊津贴的专家、教授级高级工程师和外籍博士在内的各类专业技术人员，并具有强大技术创新能力、产品开发能力、市场开拓能力和项目执行能力的人才队伍。公司正在实施的为期10年的员工持股计划，将人才的个人利益与公司利益紧密相连，为公司的发展注入长效动力。

（5）产品及规模制造优势

龙净环保的产品在电力、建材、冶金、化工、轻工等众多行业中得到了广泛应用，销往全国各地，并出口日本、俄罗斯、印度、巴西、泰国、菲律宾、印度尼西亚等40多个国家和地区。以数十年的环保产品设计、制造、安装、运营经验为客户提供质量可靠、性能稳定的环保产品。公司贴近产品销售市场或原材料市场，在全国11座城市建设了研发和生产基地，实现国内的全面布局，并通过规模化经营实现低成本制造优势。

（二）永业科技（唐山）有限公司

永业科技（唐山）有限公司（以下简称永业科技）成立于2016年，是国家高新技术企业、专精特新入库企业、河北省唐山市高新区诚信示范企业。永业科技立足自主创新、高质量发展，是国内准干式切削设备的行业领导者之一，拥有较高的知名度。公司的主导产品微量润滑设备，是高端数控机床的核心基础零部件，可实现机床的准干式切削，是公认的先进绿色制造技术产品。2022年，公司总资产达1600万元。

1. 主营业务及经营状况

永业科技主要经营微量润滑设备、机床准干式切削改造及机加工刀具三大业务，经过多年发展，为机械加工企业实现绿色环保节能目标，降低生产过程中污染物的产生，减少能源消耗，降低碳排放量，创新开发了机床准干式切削微量润滑设备。2022 年,永业科技实现营业收入 2007 万元,同比增长 251.29%;实现净利润 219.67 万元,同比增长 122.47%。

2. 竞争力分析

永业科技的核心竞争力是技术研发实力领先。永业科技自主研发的微量润滑设备、多种机床防护和排屑系统装置拥有 20 余项国家专利。永业科技持续对技术进行迭代更新,2022 年永业科技自行组织课题研发项目 6 个,完成专利申请 8 项,获得专利授权 4 项。

永业科技是国内齿轮机床龙头企业、产业链主企业,也是重庆机床(集团)有限责任公司、宜昌长机科技有限责任公司的战略合作伙伴,重庆机床(集团)有限责任公司和宜昌长机科技有限公司为永业科技生产的机床提供核心零部件,使机床具备绿色制造的功能。永业科技也为一汽解放汽车有限公司、浙江双环传动机械股份有限公司、三一重工股份有限公司、汉德车桥(株洲)齿轮有限公司等国内 100 余家客户成功进行各类机床准干式切削改造,受到客户的一致好评。

微量润滑切削技术也叫最小量润滑,是一种典型的准干式切削方法,是指将压缩空气与极微量的润滑剂混合汽化,形成微米级的液滴,喷射到加工区进行有效润滑的一种切削加工方法。该技术可有效减小刀具与加工工件、刀具与切屑界面的摩擦,降低切削力,防止黏结,延长刀具寿命,提高工件表面质量等。

永业科技研发生产的数字化微量润滑冷却设备,采用数字调节控制,精准调节喷油量和喷水量,调整精度可达 1 毫升/小时,可根据工件大小调节合适的油量、水量,选择适合的油水比例,达到最佳切削状态。永业科技产品技术水平在国内处于领先地位。

数字化微量润滑冷却设备,解决机械加工企业面临的日益严苛的环保法规要求。可降低油冷却机床加工产生的 80% 的 PM2.5 粉尘颗粒。工件表面、地面无污染,无危险固废产生。另外,设备功率仅为每小时 0.036～0.1 千瓦,远远低于传统附加的润滑、排屑、降温等设备的能耗。可降低大型机床加工过程中电能消耗 20% 以上。微量润滑技术可降低切削液 95% 以上的用量消耗,降低碳排放量。微量润滑为准干式切削,消除黏附在手上、工件上、铁屑中、转运料盘内、接油盘内、脚踏板上和地面的油污。经安装实验计算,每台滚齿机每年减少使用 600 千克润滑油,可减少碳排放约 2 吨。

第四节　资源循环利用产业

一、2021 年我国资源循环利用产业发展的基本情况

（一）一般工业固体废物产生量和综合利用量情况

根据生态环境部《2021 年中国生态环境统计年报》可知，2021 年，全国一般工业固体废物产生量为 39.7 亿吨，综合利用量为 22.7 亿吨，处置量为 8.9 亿吨。其中，山西、内蒙古、河北、山东和辽宁的一般工业固体废物产生量合计约为 17.8 亿吨，居全国前五，占比达 44.8%。河北、山东、山西、内蒙古和安徽的一般工业固体废物综合利用量合计约为 8.8 亿吨，居全国前五，占比达 39%。

2021 年各地区一般工业固体废物产生情况，如图 3-6 所示。2021 年各地区一般工业固体废物综合利用情况，如图 3-7 所示。

2021 年，在统计调查的 42 个工业行业中，一般工业固体废物产生量排名前五的行业依次为电力、热力生产和供应业，黑色金属矿采选业，黑色金属冶炼和压延加工业，有色金属矿采选业，煤炭开采和洗选业。5 个行业的一般工业固体废物产生量合计为 30.5 亿吨，占全国一般工业固体废物产生量的 76.9%。2021 年各工业行业一般工业固体废物产生情况，如图 3-8 所示。

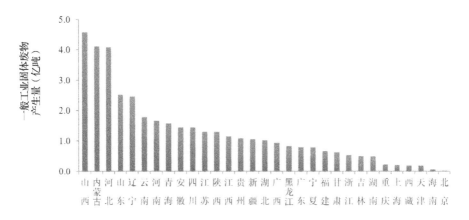

图 3-6　2021 年各地区一般工业固体废物产生情况

（数据来源：生态环境部，2023 年 1 月）

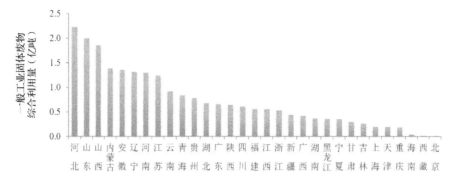

图 3-7　2021 年各地区一般工业固体废物综合利用情况

（数据来源：生态环境部，2023 年 1 月）

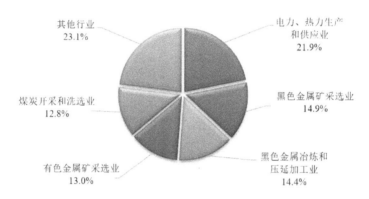

图 3-8　2021 年各工业行业一般工业固体废物产生情况

（数据来源：生态环境部，2023 年 1 月）

一般工业固体废物综合利用量排名前五的行业依次为电力、热力生产和供应业，黑色金属冶炼和压延加工业，煤炭开采和洗选业，化学原料和化学制品制造业，黑色金属矿采选业。5 个行业的一般工业固体废物综合利用量合计为 18.6 亿吨，占全国一般工业固体废物综合利用量的 82.0%。

一般工业固体废物处置量排名前五的行业依次为煤炭开采和洗选业，电力、热力生产和供应业，黑色金属矿采选业，有色金属矿采选业，化学原料和化学制品制造业。5 个行业的一般工业固体废物处置量合计为 6.9 亿吨，占全国一般工业固体废物处置量的 77.53%。

2021 年主要行业一般工业固体废物综合利用和处置情况，如图 3-9 所示。

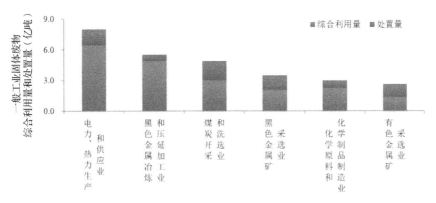

图 3-9　2021 年主要行业一般工业固体废物综合利用和处置情况

（数据来源：生态环境部，2023 年 1 月）

（二）再生资源回收利用量情况

2021 年，我国废钢铁、废有色金属等 10 个品种再生资源回收总量约为 3.81 亿吨，同比增长 2.4%，其中废塑料、废纸、报废机动车、废旧纺织品、废电池（铅酸电池除外）的增长量均超过了 10%；回收总额约为 1.3 万亿元，同比增长 35.1%，其中增速最快的是报废机动车，其回收额同比增长 62.4%。其中，废钢铁利用量约为 2.5 亿吨，同比下降 2.9%；废有色金属利用量约为 1348 万吨，同比增长 9.6%；废纸利用量约为 6491 万吨，同比增长 18.2%；废塑料回收利用量为 1900 万吨，同比增长 18.8%。废钢铁、废有色金属、废塑料、废纸、废旧纺织品的进口总量和出口总量分别为 382.13 万吨和 50.71 万吨，同比下降 57.1%、增长 43.8%。其中，进口变化最大的是废纸，同比下降 92.2%；出口变化最大的是废旧纺织品，同比增长 51.7%。再生资源在一定程度上缓解了我国资源紧张的局面，同时减轻了环境污染。

二、相关政策

一是加快废旧物资循环利用体系建设。2022 年 1 月，中华人民共和国国家发展和改革委员会、中华人民共和国商务部、中华人民共和国工业和信息化部、中华人民共和国财政部、中华人民共和国自然资源部、中华人民共和国生态环境部、中华人民共和国住房和城乡建设部七部门联合印发了《关于加快废旧物资循环利用体系建设的指导意见》，提出 2025 年的目标是：废旧物资回收网络体系基本建立，建成绿色分拣中心 1000 个以上。部署了 3 项加快体系建设的主要任务：第一，完善废旧物资回收网络，具体包括合理布局废旧物资回收站点、加强废旧物资分拣中心建设、推动废旧物资回收专业化、提升废旧物资回收行业信息化水平等内容；第二，提升再生资源加工利用水平，具体包括再生资源加工利用产业集聚化发展、提高再生资源加工利用技术水平等；第三，推动二手商品交易和再制造产业发展，具体包括丰富二手商品交易渠道和完善二手商品交易管理制度，以及推进再制造产业高质量发展等内容。

二是加快推动工业资源综合利用。2022 年 1 月，中华人民共和国工业和信息化部、中华人民共和国国家发展和改革委员会、中华人民共和国科学技术部、中华人民共和国财政部、中华人民共和国自然资源部、中华人民共和国生态环境部、中华人民共和国商务部、国家税务总局八部门联合印发《关于加快推动工业资源综合利用的实施方案》。文件中提出："到 2025 年，钢铁、有色、化工等重点行业工业固废产生强度下降，大宗工业固废的综合利用水平显著提升，再生资源行业持续健康发展，工业资源综合利用效率明显提升。"还提出："力争大宗工业固废综合利用率达到 57%，其中，冶炼渣达到 73%，工业副产石膏达到 73%，赤泥综合利用水平有效提高。主要再生资源品种利用量超过 4.8 亿吨，其中废钢铁 3.2 亿吨，废有色金属 2000 万吨，废纸 6000 万吨。"

三是深入推进黄河流域工业绿色发展。2022 年 12 月，中华人民共和国工业和信息化部、中华人民共和国国家发展和改革委员会、中华人民共和国住房和城乡建设部、中华人民共和国水利部四部门联合印发了《关于深入推进黄河流域工业绿色发展的指导意见》。文件中提出："到 2025 年，黄河流域工业绿色发展水平明显提升，产业结构和布局更加合理，城镇人口密集区危险化学品生产企业搬迁改造全面完成，传统制造业能耗、水耗、碳排放强度显著下降，工业废水循环利用、固体废物综合利用、清洁生产水平和产业数字化水平进一步提高，绿色低碳技术装备广泛应用，绿色制造水平全面提升。"

四是引导汽车生产企业履行生产者责任。2022 年 10 月 12 日，中华人民共和国工业和信息化部办公厅、中华人民共和国科学技术部办公厅、中华人民共和国财政部办公厅、中华人民共和国商务部办公厅联合公布汽车产品生产者责任延伸试点企业名单，以 11 家汽车产品生产企业为主体开展生产者责任延伸试点工作。

三、典型企业

（一）格林美股份有限公司

1. 公司概况

格林美股份有限公司（以下简称格林美）主要从事废旧电池、废弃钴镍资源及电子废弃物等的回收和资源化再利用，2022年格林美的营业收入达到293.92亿元，同比增长52.28%；净利润为12.96亿元，同比增长40.36%；格林美股票（002340）每股收益达到0.26元，同比增长36.84%。2022年的这些数据均创历史新高，格林美正昂首阔步地走上"产能大释放，业绩大增长"的新发展阶段。

2. 主营业务

格林美是电池回收领域的龙头企业，目前它已在武汉、荆门、无锡、天津与深汕特别合作区建设了5座动力电池回收与处置基地，并计划在欧洲、北美、东南亚等地区布局回收处理基地，预计到2026年，动力电池回收量将达到30万吨。

格林美的回收动力电池业务势能持续凸显。2022年，动力电池回收与梯级利用业务实现营业收入6.22亿元，同比大幅增长312.60%。回收拆解的动力电池达到17432.73吨，同比增长98.11%，占我国动力电池报废总量的10%以上。格林美动力电池梯级利用产品已经全面进入大规模的市场化与商用化阶段。格林美先后与山河智能装备股份有限公司、瑞浦兰钧能源股份有限公司、岚图汽车、梅赛德斯-奔驰（中国）汽车销售有限公司及宁德时代新能源科技股份有限公司等建立了从绿色报废端到绿色产品端的定向循环模式，建立了"动力电池回收—电池再利用—材料再制造—电池再制造"的新能源全生命周期价值链模式。

格林美的循环再生塑料及制品业务、报废家电拆解、钨资源回收利用业务成果不俗。2022年，再生塑料及制品达6万余吨，同比增长超过27%，居电子废弃物行业第一位；报废家电拆解总量达842万台套，稳居行业第二名，占我国报废总量的10%；钨资源回收成功实现技术装备升级与质量提升，挺进国家级专精特新企业行列，实现营业收入9.19亿元，同比增长29.46%。钨回收总量达到 4291 吨,同比增长 9.41%,占我国钨开采总量的 6% 以上,循环再造钨产品总量销售达 4147 吨,同比增长近 4%。

3. 竞争力分析

（1）绿色技术走向世界

格林美以"产业+科技+文化"融合发展的投资理念,联合青山控股集团有限公司、宁德时代新能源科技股份有限公司在印度尼西亚设立青美邦公司,建设了"科技+智慧+绿色"的镍资源新能源原料高技术产业园。在技术优势方面,格林美采用超精准定向提取技术与内源铝氟吸附纯化技术,成功实现废旧三元离子电池中全组分金属回收到电池级原料的再造,解决了传统工艺中锂回收率低的难题,锂的回收率超过 90%。

（2）重视社会责任

2022 年,格林美成立"双碳"战略研究部,负责全面规划管理"双碳"工作,定期向 ESG（Environment,Social and Governance,环境、社会和公司治理）委员会汇报气候变化相关的工作进度、风险及机遇信息,并与利益相关方共享相关信息。报告期内,格林美通过废弃资源综合利用实现碳减排 88 万余吨;通过开展节能减排、使用清洁能源及植树造林工作,减少了 22 万余吨二氧化碳排放。

（3）建立新能源产业绿色循环价值链

格林美作为中国资源循环利用的领头企业,坚持"资源有限循环无限"的产业理念,构建了"电池回收—原料再造—材料再造—电池包再造—再使用—梯级利用"的新能源全生命周期价值链,先后与 670 余家国内外新能源汽车企业、电池生产企业建立定向回收合作关系,与梅赛德斯－奔驰（中国）汽车销售有限公司、宁德时代新能源科技股份有限公司正式签署合作备忘录,共同开展退役动力电池闭环回收项目。格林美通过先进的回收技术,将梅赛德斯－奔驰的退役动力电池中的镍、钴、锰、锂等能源金属高效再生利用,作为动力电池的关键原材料返回到宁德时代新能源科技股份有限公司的供应链,生产出搭载在梅赛德斯－奔驰乘用车上的动力电池,打通了动力电池从退役到再生的闭环价值链和合作链。

（二）山东英科环保再生资源股份有限公司

1. 公司概况

山东英科环保再生资源股份有限公司（以下简称英科再生）是一家资源循环再生利用的高科技制造商，于 2021 年在上海证券交易所科创板上市。英科再生主要从事可再生资源的回收、再生、利用业务，公司发挥创新能力，打通塑料循环再利用的全产业链，是将塑料回收再生与时尚消费品运用完美嫁接的独创企业。英科再生的总部位于山东淄博，旗下拥有上海奉贤、安徽六安、江苏镇江、马来西亚及越南基地，公司员工人数为 2900 余人。

2. 主营业务

英科再生围绕塑料回收、再生、利用三大类核心技术，形成三大类主营业务。在塑料回收领域，英科再生在全球布局超过 1000 多个回收网点，主要采购可再生 PS 原料，形成了覆盖面广泛的回收网络。同时，英科再生储备了 PET 回收设备技术，未来将在全球回收网络基础上回收以 PET 饮料瓶为主的可再生 PET 塑料。在塑料再生领域，英科再生主要是对回收的可再生塑料原料，利用再生造粒技术生产再生 PS 粒子、再生 PET 粒子等原材料。在塑料利用领域，英科再生采用塑料多层共挤技术工艺，将再生塑料粒子制成新的塑料制品。

2022 年，英科再生营业收入达 20.56 亿元，同比增长 3.32%；归属于上市公司股东的净利润达 2.31 亿元，同比下降 3.76%。

3. 竞争力分析

我国塑料回收再生利用行业的基本特征是进入门槛较低、产业链较长、规模以上企业少、高端产能不足。英科再生是具有一定产业规模的企业，它在产业链布局、生产工艺、技术水平、环保意识方面都优于规模以下企业，主要瞄准的是中高端市场，生产的再生塑料产品品质较高，供应稳定，议价能力较强。

英科再生经过多年的努力，已经建立了稳定的原材料回收采购渠道，积累了优质的全球客户资源，形成了先进的产品加工生产技术工艺和领先的产品设计理念，是行业内具有完整业务和丰富产品的领先企业。

重点行业篇

第四章

2022 年钢铁行业节能减排进展

第一节　总体情况

一、行业发展情况

2022 年，中国钢铁行业总体运行相对平稳，市场供需关系较 2021 年有所好转。粗钢产量连续两年下降，2022 年降幅比 2021 年收窄。根据国家统计局数据，2022 年粗钢、生铁和钢材产量分别为 10.1 亿吨、8.6 亿吨和 13.4 亿吨，分别比 2021 年同期下降 2.1%、0.8%、0.8%。2022 年，规模以上黑色金属冶炼和压延加工业工业增加值比 2021 年增长 1.2%，比全部规模以上工业增加值增幅低 2.4%。

铁矿石价格和进口额大幅回落。根据海关总署数据，2022 年全国累计进口铁矿砂及其精矿 11.1 亿吨，同比下降 1.5%；进口额达 1281.0 亿美元，同比下降 29.7%；进口铁矿石平均价格为 115.7 美元/吨。进口铁矿石价格理性回归主要源于两个方面：一方面，美联储等主要央行持续加息，铁矿石等大宗商品价格上涨失去支撑；另一方面，国外粗钢产量同比下降 6% 以上，铁矿石原料需求被粗钢产量收缩带动下降。2022 年，国产铁矿石价格整体呈下降趋势。据中国钢铁工业协会监测，中国铁矿石价格指数（CIOPI）从 2022 年年初的 500 多点下降至年末的 300 多点，降幅接近 50%。2022 年，我国铁矿石对外依存度为 79.8%，较 2021 年略有回升，整体处于较高水平。

钢材价格震荡下行。与铁矿石价格相比，钢材价格跌幅相对偏低。2022 年中国钢材价格指数（CSPI）年度平均值为 122.78 点，比 2021 年下降 13.55%。兰格钢铁网监测数据显示，截至 2022 年 12 月底，兰格钢铁全国钢材综合价格指数为 4337 元（吨价），较 2021 年年底下跌 719 元，跌幅为 14.2%。第一季度，受稳增长预期、俄乌冲突影响，原材料成本提高带动钢材价格上涨，2022 年 4 月 6 日，兰格钢铁全国钢材综合价格指数较 2021 年年底上涨 419 元，涨幅为 8.3%。第二季度以来，在需求不足、全球加息等因素影响下，原材料价格回落，钢材价格中枢持续下滑，至 11 月跌至全年价格低点，跌幅达 25%。

钢铁企业效益创 20 年新低。国家统计局数据显示，2022 年黑色金属冶炼和压延加工业实现营业收入 8.71 亿元，同比下降 9.8%；营业成本为 8.32 亿元，同比下降 6%；实现利润总额 365.5 亿元，同比下降 91.3%，在 41 个工业大类行业中利润总额下降幅度最大。钢铁行业整体利润率仅为 0.42%。重点企业持续发力，效益优于行业平均水平。中华人民共和国工业和信息化部数据显示，全年重点大中型钢铁企业累计营业收入达 6.59 万亿元，同比下降 6.35%；累计利润总额达 982 亿元，同比下降 72.27%；销售利润率为 1.48%，较 2021 年下降 3.6 个百分点。

二、行业节能减排主要特点

（一）行业加快部署节能降碳系列工作

一是推动能效提升。加快中华人民共和国国家发展和改革委员会联合中华人民共和国工业和信息化部等部门发布《高耗能行业重点领域节能降碳改造升级实施指南（2022 年版）》，分类推动钢铁等重点行业领域提效达标，限期分批实施改造升级和淘汰。《高耗能行业重点领域能效标杆水平和基准水平（2021 年版）》明确了炼铁、炼钢、铁合金冶炼单位产品能耗标杆水平和基准水平。截至 2020 年年底，我国钢铁行业高炉、转炉工序能效低于基准水平的产能约占 30%，需加大绿色低碳技术应用力度。为此，钢铁行业启动极致能效工程，发布《钢铁行业能效标杆三年行动方案》，计划用三年时间建立三套清单、两个标准和一个数据治理系统。目前，已发布 50 项成熟可行的钢铁极致能效技术，并颁布了"极致能效技术清单"和"节能低碳政策清单"。二是优化产业结构，更多应用电炉短流程炼钢。据统计，计划新建的炼钢产能中电炉比例比置换退出的炼钢产能中电炉比例高 10 个百分点。三是加快能源消费低碳化。加快探索氢冶金，在钢铁的还原冶炼过程中使用氢气作为主要还原剂。推动氢气直接还原、富氢碳循环高炉、氢基熔融还原 3 条技术路线氢冶金项目取得不同阶段进展。四是推进产品供给绿色化。将生命周期绿色低碳评价理念付诸行动，正式上线钢铁行业 EPD（环境产品声明）平台，发布中国宝武钢铁集团有限公司、首钢集团有限公司、江苏沙钢集团有限公司、包头钢铁（集团）有限责任公司、酒泉钢铁（集团）有限责任公司等近 10 家企业的 36 份 EPD 报告。

（二）主要能耗指标略有上升

综合能耗指标同比略有上升。据中国钢铁工业协会统计，2022 年吨钢综合能耗为 551.36 千克标准煤，比 2020 年增加了 1.27 千克标准煤；可比能耗为 485.77 千克标准煤，同比下降 0.38%；吨钢电耗为 466.06 千瓦时，同比增加 1.41 千瓦时。据分析，废钢消耗量降低是拖累钢铁工业能耗降低的重要因素。2022 年，中国钢铁工业协会会员单位废钢利用量为 9435 万吨，同比减少 1631 万吨，下降来源主要为转炉，其废钢利用量同比减少 1272 万吨；主要工序能耗指标略有下降。统计的会员单位烧结、球团、焦化、高炉、转炉、钢加工能耗均全面下降，降幅分别为 0.34 千克标准煤/吨、0.80 千克标准煤/吨、2.70 千克标准煤/吨、0.46 千克标准煤/吨、2.36 千克标准煤/吨、0.76 千克标准煤/吨，但电炉工序能耗上升，增幅为 0.18 千克标准煤/吨。

（三）主要污染物排放量大幅下降

2022 年，统计的会员生产企业外排废水总量比 2021 年下降 23%。外排废水中化学需氧量排放量比 2021 年减少 26%，氨氮排放量比 2021 年减少 14.8%，总氰化物比 2021 年减少 50.4%，悬浮物排放量比 2021 年减少 21.8%，石油类排放量比 2021 年减少 26.8%。

2022 年，统计的会员生产企业废气排放总量比 2021 年增长 3.9%。外排废气中二氧化硫排放总量比 2021 年减少 19.5%，烟尘排放总量比 2021 年减少 26%，粉尘排放量比 2021 年减少 15.1%。吨钢二氧化硫排放量比 2021 年下降 19.8%，吨钢烟粉尘排放量比 2021 年下降 18.3%，吨钢氮氧化物排放量比 2021 年下降 12.4%。

（四）水资源利用效率进一步提高

钢铁行业吨钢耗新水指标创历史最好水平，水重复利用率持续上升。2022 年，吨钢耗新水比 2021 年下降 0.7%，低至 2.44 立方米/吨，部分钢铁企业的部分指标已达到或接近国际先进水平，有 35 个企业吨钢耗新水低于 2 立方米/吨，企业数量较 2021 年再增加 10 家。2022 年，统计的会员生产企业用水总量为 920 亿立方米，比 2021 年增长 1.71%。取新水量同比下降 3.2%。水重复利用率为 98.2%，比 2021 年提高 0.18 个百分点。

2018—2022 年吨钢耗新水和水重复利用率情况如表 4-1 所示。

表 4-1　2018—2022 年吨钢耗新水和水重复利用率情况

指标	年份				
	2018 年	2019 年	2020 年	2021 年	2022 年
吨钢耗新水（立方米/吨）	2.75	2.56	2.45	2.46	2.44
水重复利用率（%）	97.79	97.88	97.97	98.02	98.20

数据来源：中国钢铁工业协会

（五）资源综合利用水平整体较高

2022 年，统计的会员生产企业固体废物综合利用和可燃气体利用继续保持较高水平。钢渣、高炉渣、含铁尘泥利用率保持在 99% 左右，其中，钢渣利用率为 98.6%，比 2021 年降低 0.55 个百分点；高炉渣利用率为 99.3%，比 2021 年下降 0.08 个百分点；含铁尘泥利用率为 99.5%，比 2021 年下降 0.39 个百分点。高炉煤气、转炉煤气、焦炉煤气利用率保持在 98% 以上，其中，高炉煤气利用率为 99.00%，比 2021 年提高 0.65 个百分点；转炉煤气利用率为 98.51%，比 2021 年提高 0.01 个百分点；焦炉煤气利用率为 98.95%，比 2021 年提高 0.49 个百分点。吨钢转炉煤气回收量为 124.24 立方米，比 2021 年增加 5.03 立方米，二次冶金（精炼）能耗降低 5.18%，带动转炉工序能耗下降 15.32%。

2018—2022 年行业固体废物和可燃气体资源化利用情况如表 4-2 所示。

表 4-2　2018—2022 年行业固体废物和可燃气体资源化利用情况

资源化利用	年份				
	2018 年	2019 年	2020 年	2021 年	2022 年
钢渣利用率（%）	97.92	98.11	99.09	99.15	98.60
高炉渣利用率（%）	98.10	98.83	98.90	99.38	99.30
含铁尘泥利用率（%）	99.65	99.12	99.78	99.89	99.50

续表

资源化利用	年份				
	2018 年	**2019 年**	**2020 年**	**2021 年**	**2022 年**
高炉煤气利用率（%）	98.55	98.02	98.03	98.35	99.00
转炉煤气利用率（%）	98.67	98.26	98.33	98.50	98.51
焦炉煤气利用率（%）	98.97	98.45	98.53	98.46	98.95

数据来源：中国钢铁工业协会

第二节 典型企业节能减排动态

一、河北张宣高科科技有限公司

（一）公司概况

河北张宣高科科技有限公司（以下简称张宣科技）是河钢集团有限公司的核心骨干企业、一级全资子公司，企业前身是创建于 1919 年的龙烟铁矿股份公司，2008 年 6 月加入河钢集团有限公司。张宣科技位于河北省张家口市宣化区，此处交通便利，周边矿产资源丰富。张宣科技职工约 2 万人，资产总额约 200 亿元，原下属烧结、焦化、炼铁、炼钢、轧钢、动力、运输等 8 个钢铁主体生产厂，2 个分公司和 12 个子公司。近年来，张宣科技贯彻落实"坚决去、主动调、加快转"重要精神，先后关停了 5 座高炉、5 座转炉、2 座焦炉，2021 年实现了全部冶炼装备安全平稳退出，同时保证减产不减效。

（二）主要亮点工作

张宣科技以全面打造钢铁行业绿色低碳转型的成功典范为目标，建设高端装备关键材料制造、战略性新兴产业、现代服务业"三大基地"，加速钢铁向材料、制造向服务转变，大力发展高端材料制造、氢冶金、新能源、智能制造及大数据等产业。张宣科技采用"焦炉煤气零重整竖炉直接还原"工艺技术，以"氢"取代"碳"作为铁矿石的还原剂和过程燃料，首次配套"二氧化碳捕集+二氧化碳精制"技术，将少量还原产生的二氧化碳捕集精制。2022 年 12 月 16 日，张宣科技 120 万吨氢冶金示范工程一期项目已全线贯通。与传统全流程高炉炼铁工艺同等生产规模相比，每年可减少二氧化碳排放 70% 以上，二氧化硫、氮氧化物、烟粉尘排放分别减少 30%、70% 和 80% 以上，每年可减少排放

80 万吨二氧化碳。目前，张宣科技已开发出液氦温区低温钢、精密合金、高温合金、耐蚀合金、高强不锈钢、高端轴承钢等 40 多个绿色高端产品，模具材料已达到北美压铸协会对模具钢的优质级别，应用于多款新能源汽车等。

二、湖南华菱湘潭钢铁有限公司

（一）公司概况

湖南华菱湘潭钢铁有限公司（以下简称湘钢），是我国十大钢铁企业湖南钢铁集团有限公司一级子公司，始建于 1958 年，2022 年总资产额 1197 亿元。湘钢拥有钢铁全流程技术装备和生产能力，具备年产钢 1600 万吨的综合生产能力，其中湘钢本部 1200 万吨、阳春新钢铁 400 万吨。产品涵盖宽厚板、线材和棒材三大类 400 多个品种，应用于造船、工程机械、海油工程、高建桥梁、压力容器、能源重工等多个领域。

（二）主要亮点工作

一是多措并举优化能源结构。根据生产负荷情况合理调整各品种能源使用比例。建立能源管控系统，动态监测煤气热值和煤气管网压力变化趋势，合理调配高焦转煤气的配比。建设 30 万立方米煤气柜，开展综合利用发电，实现煤气"零放散"。积极推进"互联网+"智慧能源、多能互补等项目建设，提交清洁能源消纳能力。二是高效利用余热余能资源，极致提升能效水平。开发应用焦炉精准加热自动控制技术，优化控制焦炉加热燃烧过程温度，降低加热用煤气消耗。推进冶金工艺紧凑化、连续化，打通并突破钢铁生产流程工序界面技术，实现工艺流程优化调整。探索试验低温余热有机朗肯循环发电、低温余热多联供等先进技术，着力解决各类低温烟气、冲渣水和循环冷却水等低品位余热回收难题。三是升级改造工艺装备技术，淘汰落后产能。推动炼焦装备大型化，淘汰 4 座 4.3 米焦炉，建设 2 座 7 米焦炉及配套节能环保设施。实施烧结机节能环保提质改造，淘汰 105 平方米、180 平方米烧结机，建设 450 平方米烧结机及配套节能环保设施。

第五章

2022 年石化和化工行业节能减排进展

石化和化工行业是国民经济的重要支柱产业,在我国经济发展中扮演着重要角色。但石化和化工行业是我国的高耗能、高耗水、高排放产业之一,国家绿色政策引导对于促进石化和化工行业持续健康发展具有重要意义。2022 年,石化和化工行业经济运行总体平稳,全行业积极推进"双碳"战略,深入促进绿色转型,石化和化工行业绿色发展取得诸多新进步。

第一节　总体情况

一、行业发展情况

2022 年,石化和化工行业经济运行总体平稳。其中,化学工业增加值增长6.6%,石油和天然气开采业增加值增长 5.6%,石油、煤炭及其他燃料加工业增加值下降 5.1%。重点产品产量减多增少,60%产品的价格高于 2021 年,投资环境较好,出口贸易结构有所改善,投资及出口增势客观。

产量减多增少。据统计,2022 年,化学原料和化学制品制造业产能利用率为 76.7%,同比下降 1.4 个百分点,高于工业平均 1.1 个百分点。重点产品产量下降的包括:原油加工量为 6.8 亿吨,同比下降 3.4%;硫酸、乙烯等大宗原料产量同比分别下降 0.5%、1%;合成橡胶、合成纤维聚合物等合成材料产量同比分别下降 5.7%、1.5%;轮胎产量同比下降 5%。重点产品产量上升的包括:烧碱、纯碱产量同比分别增长 1.4%、0.3%;合成树脂产量同比增长 1.5%;化学肥料总量(折纯)同比增长 1.2%。

价格高位震荡。据统计,2022 年,化学原料和化学制品制造业出厂价格指数累计同比增长 7.7%。在 30 个重点产品中,2022 年均价同比增长的约占 60%,

数量为 18 个，其中烧碱、氯化钾、甲苯价格同比增幅大，增速分别为 58%、38%、33%；12 月份起价格涨势逐步趋缓，月度均价环比下降的产品种类有 19 个，占比约为 63%，其中硫酸、盐酸、二苯基甲烷二异氰酸酯（MDI）环比分别下降 18%、17%、10%。

投资及出口增势良好。据统计，2022 年，化学原料和化学制品制造业投资环境好，投资同比增长 19%，高于工业平均 7.4 个百分点。据海关总署数据，贸易结构持续改善，有机化学品、无机化学品出口总额分别为 807 亿美元、394 亿美元，同比分别增长 17%、68%，贸易顺差分别为 290 亿美元、135 亿美元，同比分别增长 216%、57%；合成树脂出口总额为 250 亿美元，同比增长 4%，贸易逆差为 249 亿美元，同比下降 22%。

二、行业节能减排主要特点

我国石化和化工行业高物耗、高能耗、高污染问题依然严峻。2022 年，石化和化工行业大力调整产业发展方向，积极开展绿色制造体系认定，加快发展清洁能源产业，逐步攻克安全环保重大问题，在政策端和企业端做了大量工作，绿色低碳发展成效明显。

（一）调整产业发展方向

科学调控石油化工、煤化工等传统化工行业产业规模，有序推进炼化项目降油增化，严控新增炼油产能，延长石油化工产业链，注重产品提质增效，增强高端聚合物、专用化学品等产品供给能力，促进石化行业向产业链中高端升级。促进煤化工产业高端化、多元化、低碳化发展。同时，优化烯烃、芳烃原料结构，加快煤制化学品、煤制油气向高附加值产品延伸，提高技术水平和竞争力。加快建设世界级炼化基地。中石化镇海基地一期全面投产、二期抓紧建设，天津南港乙烯项目全力推进，海峡两岸最大的石化合作项目——古雷炼化一体化项目投入商业运营，第三代芳烃技术首套工业装置——九江石化芳烃项目开车成功，海南炼化百万吨乙烯项目建成投产。积极抢抓"油转化""油转特"先机，大力推进化工高端化发展。加快推进巴陵石化己内酰胺、仪征化纤 PTA、贵州能化 PGA 等补链延链项目；化工新材料项目加速布局；三大合成材料高附加值产品比例提升，煤化工提质增效势头良好，催化剂、润滑油、燃料油等结构调整迈出坚实步伐，炼化工程向中高端延伸成效明显。

（二）积极开展绿色制造体系认定工作

绿色化工园区建设取得新进展，中国石油和化学工业联合会公布"绿色化工园区名录（2022 年）"和"绿色化工园区（2022 年建设期单位）"。新增武汉化学工业区、镇江新区新材料产业园、常州滨江经济开发区新材料产业园、江苏扬子江国际化学工业园等 7 家园区列入"绿色化工园区名录（2022 年）"。天津南港工业区、衢州国家高新技术产业开发区、安庆高新技术产业开发区、平顶山尼龙新材料开发区 4 家园区列入"绿色化工园区（2022 年建设期单位）"。绿色制造体系创建取得新成效，2022 年北京中石化燕山石化聚碳酸酯有限公司、天津利安隆新材料股份有限公司、利安隆凯亚（河北）新材料有限公司、河北中化鑫宝化工科技有限公司等诸多企业获得国家级绿色工厂称号，卫星化学股份有限公司、腾森橡胶轮胎（威海）有限公司、山东阳谷华泰化工股份有限公司、广东金正大生态工程有限公司、桐昆集团股份有限公司等获得"国家级绿色供应链企业"称号，充分发挥了标杆企业的示范引领作用。

（三）加快发展清洁能源产业

积极发展以氢能为核心的新能源业务，中国石油化工集团有限公司围绕氢能产业链加快打造中国第一大氢能公司，拓展充换电站、加氢站等新型基础设施和服务，助力实现绿色交通、氢能交通发展。同时依托完善的销售网络，加快推进建设加氢站、充换电站，积极向"油气氢电服"综合能源服务商转型。积极发展分子炼油、绿氢炼化等技术，提高原料低碳化比例。炼化企业以"氢电一体、绿氢减碳"为方向，依托炼化基地大力开展集中式风电、光伏开发，布局"大型可再生能源发电—储能—绿电制氢"项目，逐步实现绿电替代、绿氢炼化，助力炼化领域深度脱碳。

第二节　典型企业节能减排动态

一、河南心连心化学工业集团股份有限公司

（一）公司概况

河南心连心化学工业集团股份有限公司于 1969 年建厂，2019 年改制为股

份有限公司，公司目前在河南、新疆、江西拥有三大生产基地，主要生产尿素、复合肥、甲醇、三聚氰胺等产品。公司拥有 45 万吨/年合成氨生产能力。同时，公司在节能降碳、绿色发展方面成绩斐然。

（二）主要做法与经验

1. 积极推动能效提升

2021 年，公司生产合成氨 61.61 万吨，单位产品综合能耗为 1182.6 千克标准煤/吨，比能效标杆水平提升 12.4%。公司主要实践有采用四喷嘴水煤浆加压气化、"相变移热等温变换"等先进工艺技术。采用四喷嘴水煤浆加压气化技术替代固定床气化技术，实现连续制气，煤炭转化率提升至 99.7%。煤气化合成氨装置变换工艺采用"相变移热等温变换"工艺技术，变换反应温度低，反应推动力大，变换率超过 98.5%，同时副产 2.5 兆帕蒸汽，年节约 1.4 万吨标准煤。气体净化工艺升级为先进的等温变换、低温甲醇洗等工艺，空分采用带增压透平机的分子筛流程及规整填料塔与全精馏制氩技术、液氧泵内压缩技术，相对于外压缩流程，装置能耗下降超过 35%。采用双塔精馏代替传统精馏吸附＋催化氧化生产工艺，装置占地面积减少 50%，产品单耗降至 135 千瓦时以下。建设屋顶分布式光伏发电系统，利用屋顶建设光伏发电设施，一期 9 兆瓦分布式光伏发电项目年发电量为 1000 万千瓦时，节约 3500 吨标准煤，减排二氧化碳 7800 吨、二氧化硫 300 吨。实施能源管理数字化改造，建设"工信部工业企业能源管理中心示范项目""能耗在线监测信息平台"，实现能源全程、集中、可视化管理，建设设备管理系统、视频监控系统，实现对重点用能设备运行状态的实时监控，年节约 2 万吨标准煤。

2. 严格控制污染物排放

公司在环保方面坚持高标准、高投入的原则，制定了比国家规定的最低标准还要严格 30%～50% 的企业内控标准，最大限度地减少污染物排放。"十三五"以来，公司污染物排放总量下降 60% 以上。2018 年，新乡工厂和新疆公司同时被工业和信息化部评为国家级"绿色工厂"。公司自主研发的水触膜控失肥，与普通尿素相比，可使氮肥利用率提高近 20%，与巴斯夫股份公司合作开发的超控士高效尿素，氨挥发抑制率超过 50%，如果全国小麦和玉米都推广该类产品，每年可减少 70 多万吨氨挥发排放量，会为化肥减量及氨减排工作带来极大改变，不仅可减少化肥损失，还可减少农业面源污染。公司大力响应国家的"蓝天计划"，发展车用尿素，建有从尿素溶液生产到成品灌装的全流程车用尿素溶液生产加工基地，目前已建成国内首套具有自主知识产权的高纯车用尿素生产线。2018—2020 年，公司实现柴油车尾气处理液销量 323 万吨，间接减排氮氧化物约 236 万吨。

3. 大力发展循环经济

公司将氮肥生产过程中的废气重新加工再利用，做成食品级的二氧化碳和特种气体，每年可减少 30 万吨二氧化碳气体排放。公司将甲烷等可燃气体加工成液化天然气（LNG）对外销售，为社会提供清洁能源；将废渣全部进行煤灰炉渣深加工，制成水泥辅料，做成新型建材，实现公司固体废物的全回收利用。变废为宝，不仅最大限度地减少了污染排放，还带来了可观的经济效益。

二、中国石化青岛炼油化工有限责任公司

（一）公司概况

中国石化青岛炼油化工有限责任公司（以下简称中国石化青岛炼化公司）成立于 2004 年，是由中国石化、山东省、青岛市共同出资设立的特大型石油化工联合企业。公司 1000 万吨/年大炼油项目是我国批准建设的第一个单系列千万吨炼油项目，是中国石化调整国内炼化产业布局、打造环渤海湾炼化产业集群的重大战略项目。公司原油综合配套加工能力现在达到约 1200 万吨/年，年产汽煤柴成品油 800 多万吨，液化气、石油焦、聚丙烯、苯乙烯等各类产品 200 多万吨。多年来，公司切实围绕"打造安全绿色亮丽名片"的目标，绿色发展水平得到持续提升。

（二）主要做法与经验

1. 积极推动能效提升

2021 年，公司加工原油 1118 万吨，单位产品综合能耗为 6.38 千克标准油/吨·因数，比标准先进值提升 8.86%。连续 10 年以原油加工组第一名的成绩获得中国石油和化学工业联合会"能效领跑者标杆企业"荣誉称号，并获得 2022 年工业和信息化部原油加工行业能效"领跑者"企业。公司主要实践包括

建设余热回收系统、实施汽轮机通流面积改造等节能技改项目。重整四合一炉增加余热回收系统改造采用两段预热、低温段使用铸铁式预热器技术，实现排烟温度低于 90℃、氮氧化物排放低于 50 毫克/立方米、热效率超过 94%，年节约 5168 吨标准煤。催化装置烟机采用新型马刀型动叶片技术，主电机耗电降至 500～700 千瓦，年节约 1439 吨标准煤。开展动力中心汽轮机通流面积改造，更换汽轮机转子及动叶片等相关部件，优化调节控制系统，热效率提高约 18%，年节约超过 1.4 万吨标准煤。实施蒸汽系统管线保温节能改造，采用"内层纳米气凝胶＋中层硅酸铝＋外层纳米气凝胶"复合保温方式，节约 2400 吨标准煤。建设能源管理信息系统，建设覆盖企业的能源供应、生产、输送、转换、消耗全过程的完整能源管理信息系统。建立能源日报、台账及数据库，加强能源消耗的监控分析。

2. 积极布局新能源新材料项目

依托中国氢能源及燃料电池产业创新战略联盟平台，扎实推进绿电绿氢项目，相关项目被纳入青岛市氢能产业发展规划，为打造绿氢产业示范园奠定基础。2020 年，公司组建氢能技术开发团队，2021 年 8 月，一辆充装 300 公斤燃料电池氢的长管拖车从青岛炼化厂区驶出，青岛氢能产业发展迎来历史性一刻。公司还计划建设氢能二期项目，新增充装规模 1500 标准立方米/小时；三期新增充装规模 3000 标准立方米/小时；预计到 2025 年将氢能资源基地供氢能力提高至 6000 标准立方米/小时。未来，公司将进一步发展可再生能源制氢，建设国家氢能示范项目，利用公司排洪集水区建成水面光伏项目，建成绿电制氢，实现直接向厂外加氢站管输送燃料电池氢并向氢能车辆加注。在高端化工产业链延伸方面，公司积极布局高端化工产业链，启动了一期液化气安全提升项目，将液化气就地转化，为青岛市延伸可降解材料产业链提供原料。

3. 积极践行"双碳"目标

围绕"双碳"目标愿景，公司成立了"碳达峰""碳中和"工作领导小组，编制了行动方案，未来将重点从持续提升能源利用效率、加大绿色能源供给能力、实施低温余热高效利用、提高污水回用率、推进二氧化碳捕集利用等方面来深入推进。同时，公司内部积极开发绿电，加大绿色能源自给。公司先后实施屋顶分布式光伏发电项目、停车场车棚光伏发电项目，有效利用公司办公楼、消防队、中控室、配电室及停车场等超过 15000 平方米的面积，每年可发电 235 万千瓦时。公司将继续推进光伏二期项目，研究利用公司应急水池等区域面积建设光伏发电项目。作为以生产成品油为主的传统炼化企业，中国石化青岛炼化公司内部员工的电动车已经可以全部使用绿电，行政办公区域 100%用上了绿电。

第六章

2022 年有色金属行业节能减排进展

第一节　总体情况

一、行业发展情况

2022 年有色金属工业全年运行情况平稳向好。国际国内市场需求旺盛，整体延续了近两年的上升趋势。需求端较大的增量来自新能源和新能源汽车产业，其中光伏、风电等新能源产业对铝、工业硅、稀土等有色金属有较大需求，电动汽车、新能源电池及储能设备等产业发展带动铜、铝、镍、钴、锂等品种金属的需求和价格走高。在这些新兴领域需求的带动下，建筑行业收缩导致的铝材需求规模下降情况有所稳起。据中国有色金属工业协会统计，2022 年第二季度有色金属企业信心指数为 50.5（见图 6-1），是全年唯一处于临界点以上的季度。各项生产指标普遍上涨，新订单量、生产量、原料采购量、原料购入单价、单位产品售价、从业人数、企业资金周转、企业盈利水平、下游产业需求、企业经营环境这 10 个即期指数分别上涨 3.4、4.2、2.7、0.9、0.2、1.9、−0.1、1.9、1.7、0.7，7 项指标高于临界点 50。随后，有色金属企业信心指数持续回落，跌至临界值以下。2022 年第四季度有色金属企业信心指数为 48.4（见图 6-1），是 2018 年以来第二低值。

产量平稳增长。2022 年我国有色金属行业主要产品产量继续保持平稳增长，10 种有色金属产量为 6774 万吨，同比增长 4.3%，涨幅下降 1.1 个百分点，两年平均增长 4.6%。我国有色金属产量连续 3 年突破 6000 万吨大关，占全球总产量的 50% 以上。2018—2022 年我国 10 种有色金属产量如图 6-2 所示。其中，精炼铜产量为 1106 万吨，同比增长 4.5%；原铝产量为 4021 万吨，同比增长 4.5%；铅产量为 781 万吨，同比增长 4.0%；锌产量为 680 万吨，同比增长 1.6%。加工材产量升降不一。据国家统计局数据，2022 年铜加工材产量为 2286 万吨，同比增长 5.7%；铝加工材产量为 6222 万吨，同比下降 1.4%。黄金产量有所下降。中国黄金协会统计数据显示，2022 年，国内原料黄金产量为 372 吨，同比增产 43 吨，同比增长 13.1%。"十四五"期间，由于资源、环境、"双碳"目标的多重制约，行业面临较大压力，增幅逐渐回落是大趋势。

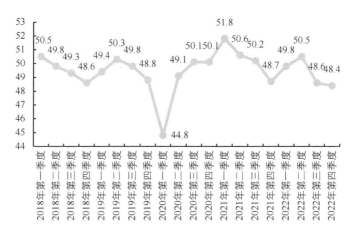

图 6-1　2018—2022 年有色金属企业信心指数

（数据来源：中国有色金属工业协会）

图 6-2　2018—2022 年我国 10 种有色金属产量

（数据来源：国家统计局）

行业效益分化，规模以上有色金属工业企业实现利润同比下降。2022 年有色金属主要品种价格继续高位震荡。中国有色金属工业协会数据显示，2022 年，铜、铝、铅、锌现货平均价格分别为 6.7 万元/吨、2.0 万元/吨、1.5 万元/吨、2.5 万元/吨，同比涨幅分别为-1.5%、5.6%、0.1%、11.4%。2022 年规模以上有色金属工业企业实现营业收入 79971.9 亿元，同比增长 10.5%；实现利润总额 3315 亿元，同比下降 8%，为历史第二高值。规模以上有色金属工业企业利润率为 4.1%，比全国工业平均水平低 2 个百分点，行业利润情况分化，采选业利润总额增长 37.3%、利润率为 20.5%，冶炼和压延加工业利润总额下降 16.1%、利润率为 3.4%。

固定资产投资快速增长。"十三五"期间，有色金属工业固定资产投资额年均下降 2.6%。"十四五"以来，下降趋势得以扭转，2022 年有色金属工业完成固定资产投资额同比增长 14.5%，比 2021 年的增速高 10.4 个百分点，比全国工业固定资产投资增速高 9.4 个百分点。其中，冶炼和压延加工完成固定资产投资额同比增长 15.7%，比 2021 年的增速高 11.1 个百分点。固定资产投资额增加主要受新能源矿产、战略性矿产、新技术及新材料矿产、危机矿产、对外依存度高的大宗矿产等勘探开发和增储上产影响。

进出口贸易总额大幅增长。2022 年，我国有色金属进出口贸易总额（含黄金贸易额）达 3273.3 亿美元，比 2021 年增长 20.2%，增速收窄 47.6 个百分点。其中，进口额同比增长 62.8%，出口额同比增长 33.7%，净进口额再次扩大。在铝、锌、电池级碳酸锂价格上涨等因素的影响下，出口首次出现量减额增的趋势。

二、行业节能减排主要特点

（一）再生有色金属产业规模快速扩大

我国再生有色金属产量已经连续 11 年超过 1000 万吨。中国有色金属工业协会再生金属分会数据显示，2022 年我国主要再生有色金属品种产量为 1655 万吨，同比增长 5.3%，增速较 2021 年下降 1.6 个百分点，占国内 10 种有色金属总产量的 24.4%，占比较 2021 年提高 0.4 个百分点，可降低二氧化碳排放 10585 万吨。其中，再生铜产量为 375 万吨，同比增长 2.7%；再生铝产量为 865 万吨，同比增长 8.1%；再生铅产量为 285 万吨，同比增长 5.56%；再生锌产量为 130 万吨，同比下降 5.11%。在地方政府、大型企业的支持和引领布局下，再生有色金属新建产能和规划产能迅速扩大。据统计，2022 年再生有色金属新建项目产能合计超过 1500 万吨。按照目前高速增长的态势，《"十四五"循环经济发展规划》提出的 2025 年再生有色金属（含再生铜、再生铝和再生铅等）的产量目标有望提前实现。

（二）行业能效持续提升

有色金属行业主要产品的能耗指标接近或达到世界领先水平。2022 年，我国电解铝综合交流电耗为 13448 千瓦时/吨，原铝可比交流电耗为 13131 千瓦时/吨；铜冶炼综合能耗为 205.13 千克标准煤/吨；铅冶炼综合能耗 303.5 千克标准煤/吨；锌冶炼精馏锌综合能耗为 1522.1 千克标准煤/吨；电锌综合能耗为 895 千克标准煤/吨。能效"领跑者"企业持续引领行业能效提升。2022 年度，中华人民共和国工业和信息化部、中华人民共和国国家市场监督管理总局遴选出 43 家达到行业能效领先水平的"领跑者"企业，涉及有色金属中的电解铝、铜冶炼、铅冶炼、锌冶炼 4 个环节、共 8 家企业。其中，电解铝行业"领跑者" 1 家，广元市林丰铝电有限公司铝液交流电耗为 12828.2 千瓦时/吨；铜冶炼行业能效"领跑者" 3 家，作为 3 家之一的江西铜业股份有限公司贵溪冶炼厂单位产品能耗低至 187.80 千克标准煤/吨，比标准先进值低 28%；铅冶炼行业能效"领跑者" 2 家，粗铅工艺能效"领跑者"依旧为云南驰宏锌锗股份有限公司会泽冶炼分公司，单位产品综合能耗为 211.57 千克标准煤/吨，比2021 年降低 6%，比标准先进值低 8%。锌冶炼行业"领跑者" 2 家，其中云南驰宏资源综合利用有限公司单位产品综合能耗下降至 869.73 千克标准煤/吨，比标准先进值低 21%。

（三）生产过程绿色化水平持续提高

2022 年 11 月，中华人民共和国工业和信息化部、中华人民共和国国家发展和改革委员会、中华人民共和国生态环境部三部门联合印发《有色金属行业碳达峰实施方案》，引导行业按照低碳先行、源头预防、过程控制、末端治理、绿色引导的原则推动生产过程绿色化。一是充分发挥标准引领规范作用，在节能、绿色标准的基础上扩充"双碳"标准，编制《低碳产品评价方法与要求 电解铝》等标准。二是积极利用绿色电力，编制《绿电铝评价及交易导则》，开展绿电生产的铝产品认证工作，中国铝业集团有限公司（以下简称中铝集团）成功实现分布式光伏发电直接接入电解铝生产系统。2022 年，电解铝行业绿电占比超过 25%。三是污染物排放强度大幅下降。重点区域的主要电解铝企业实现了脱硫设施从"无"到"有"的转变，二氧化硫浓度有效控制在 35 毫克/立方米以下；重点区域的氧化铝企业将颗粒物排放浓度稳定控制在 10 毫克/立方米以下；重点防控区铜冶炼企业的二氧化硫、氮氧化物和颗粒物分别控制在 100 毫克/立方米、100 毫克/立方米和 10 毫克/立方米以下。四是废水处理技术水平逐步提高。氧化铝企业通过废水回用技术，吨氧化铝生产新水消耗低至 1 吨，基本实现生产废水的"零排放"；电解铝废水重复循环，吨铝新水单耗下降到 1 吨以下，生产废水不外排。

（四）电解铝产能向清洁能源富集区域转移趋势暂缓

电解铝生产过程能耗高、碳排放量大，是有色金属行业节能减排最为重要的子行业。截至 2022 年 12 月，我国电解铝建成产能 4445 万吨，较 2021 年净增长 120 万吨，距中长期 4500 万吨产能上限尚有一段距离。2019 年以来，我国电解铝产能逐步向云南、广西、四川等清洁能源富集区域转移，其中云南地区建成电解铝产能占比已由 2018 年年末的 5%提升至 2021 年年末的 12%。2022 年年末云南地区建成产能 532 万吨，占比维持不变，产能转移趋势暂缓。受枯水季来水量下滑等因素的影响，云南 2022 年缺电现象较为严重，电解铝等高耗能行业受压减产能影响较大，云南省内电解铝实际运行产能仅约为 340 万吨，占建成产能的六成左右。随着电力供需矛盾的深化，从目前的发展趋势来看，云南电解铝企业限电限产情况有可能成为每年阶段性的常态。

第二节　典型企业节能减排动态

一、云南铝业股份有限公司

（一）公司概况

云南铝业股份有限公司（以下简称云南铝业），前身为云南铝厂，始建于1970 年，2018 年加入中铝集团，拥有铝土矿—氧化铝—炭素制品—铝冶炼—铝加工的完整铝产业链，绿色低碳发展水平较高，是国家"绿色工厂""全国文明单位"、中国有色金属行业唯一一家"国家环境友好企业",已于 1998 年改制并在深圳证券交易所上市。云南铝业生产基地主要位于云南的 6 个地级市、自治州,已形成产能氧化铝 140 万吨、绿色铝 305 万吨、阳极炭素 80 万吨、石墨化阴极 2 万吨、铝合金 157 万吨,2022 年铸造铝合金的市场占有率约为26%,处于行业领先地位。云南铝业以"强基础、降成本、优结构、提质效"为主线,持续强化绿色低碳、资源保障、综合利用、科技创新等优势,2022 年云南铝业实现营业收入 484.63 亿元,同比增长 16.08%;归属于上市公司股东的净利润为 45.69 亿元,同比增长 37.07%,居 2022 年《财富》"中国 500 强"第 46 位。

（二）主要亮点工作

云南铝业大力实施绿色铝一体化发展战略,提出"绿色铝,在云铝"的口号,将绿色低碳发展理念贯穿于产业发展全过程。一是广泛应用绿色电力,依托云南省丰富的水电优势,2022 年云南铝业生产用电中绿电比例达到 88.6%。二是提高绿色铝供给水平,完成铝土矿、氧化铝、电解铝、铝加工全产业链 ASI（Aluminium Stewardship Initiative,铝业管理倡议）审核,完成铝锭、铝合金等主要产品的碳足迹认证,绿色铝碳排放仅约为煤电铝的 20%,碳足迹水平处于全球领先。三是开展全产业链资源综合利用,建立了国内唯一的电解铝固体废弃物资源综合利用基地,铝灰、电解炭渣、电解废槽衬等资源化项目稳定运行,赤泥综合利用稳步推进,积极探索再生铝发展。四是强化绿色低碳技术创新,搭建了"云南省绿色铝基新材料重点实验室"等多个省级科技创新平台;推动中铝集团"电解铝大修渣、炭渣处置与综合利用技术中心"等多个领域技术中心落户,成功开发出"电解铝'三废'深度治理与高效利用关键技术及示范"等一批国际先进科技创新成果,拥有有效专利 583 项。

二、株洲冶炼集团股份有限公司

（一）公司概况

株洲冶炼集团股份有限公司（以下简称株洲冶炼）,原名湖南株冶火炬金属股份有限公司,成立于 1993 年,主营锌及其合金产品的生产销售,回收生产过程中的铅、铜、镉、银、铟等有价元素及副产品硫酸,并于 2004 年在上海证券交易所上市。株洲冶炼技术优势显著，2022 年株洲冶炼的 1 个国家课题通过综合绩效评价，1 个标准获全国有色金属标准化技术委员会一等奖，9 项发明专利获得授权，7 项科技及技术成果在生产现场得到应用。株洲冶炼规模优势突出，拥有 30 万吨锌冶炼产能、38 万吨锌基合金深加工产能、68 万吨锌产品总产能，火炬牌锌合金的市场占有率处于第一梯队，其中锌铝镁合金的市场占有率高达 25%。2022 年，株洲冶炼的营业收入为 156.77 亿元，同比下降 4.22%；净利润为 5621.08 万元，同比下降 65.71%。

（二）主要亮点工作

株洲冶炼始终坚持"技术引领""绿色低碳"的发展道路，始终把建设"中国第一、世界一流"的锌冶炼绿色低碳智能工厂作为企业目标，全面推进节能降碳。一是推动设备大型化，建成了 2 台炉膛面积为 152 平方米的国内最大流态化焙烧炉；二是推动生产自动化，开发电解工况监测与优化系统，推动电解能耗下降 55 千瓦时/吨析出锌；三是优化再造生产工艺，实现挥发窑焦耗下降 50 千克/吨析出锌；四是建设智能工厂，强化数字化管理，建立快速响应机制；五是开展绿色冶炼，实现年消纳废渣 31.43 万吨、工业废水零排放。2021 年，株洲冶炼锌冶炼单位产品综合能耗值比行业能源消耗限额标准先进值低 20%，在国内同行业中处于领跑水平，达到了世界先进锌冶炼企业水平。近两年，株洲冶炼获评工业和信息化部重点用能行业能效"领跑者"、湖南省重点工业行业"水效"头雁、湖南省节水型企业、绿色制造体系示范单位等荣誉，"湿法炼锌工业废水零排放技术"入选湖南省节能节水"新技术、新装备和新产品"推广目录。

第七章

2022年建材行业节能减排进展

第一节　总体情况

一、行业发展情况

2022年，建材行业全年生产运行总体稳定。但是来自需求收缩和成本上涨的压力较大，加上外部环境不稳定，新冠疫情对行业运行的冲击等不利因素，导致建材行业经济运行出现波动。全年建材行业运行特点是：主要产品产量下降，产品出厂价格小幅增长，企业经济效益指标下降，固定资产投资平稳增长，进出口保持较快增长。

一是主要产品产量下降。国家统计局数据显示，2022年规模以上的非金属矿物制品业增加值同比下降1.5%，比同年前11个月下降0.1%。重点监测了31种建材产品，其中8种产品产量出现增长，其他产品产量同比下降。其中，全国水泥产品的产量约为21.2亿吨，同比下降10.8%；平板玻璃的产量约为10.1亿重量箱，同比下降3.7%。2005年以来历年水泥产量如图7-1所示。2005年以来历年平板玻璃产量如图7-2所示。

二是产品出价价格小幅增长。中国建筑材料联合会的数据显示，2022年由于行业生产成本上涨，市场需求疲软，产品的平均出厂价格基本保持稳定，与2021年同期相比高约0.6%。数字水泥网监测数据显示，2022年全年每吨水泥的市场平均价格为466元，同比下降4.2%，主要原因是煤炭价格上涨造成水泥制造成本上升。

三是企业经济效益指标下降。国家统计局数据显示：建材行业的规模以上企业营业收入比同期下降4.2%，利润总额比同期下降20.4%，降幅较大。其中，水泥、混凝土及水泥制品、玻璃，以及建筑、卫生陶瓷等主要建材产品的主营业务收入下降，利润总额也出现下降；非金属矿采选业及制品业的营业收入上涨，利润总额上涨。

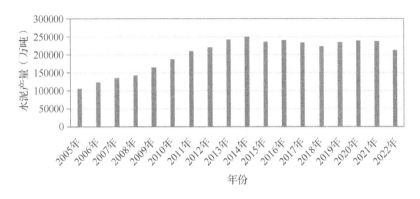

图 7-1　2005 年以来历年水泥产量

（数据来源：国家统计局，2023 年 2 月）

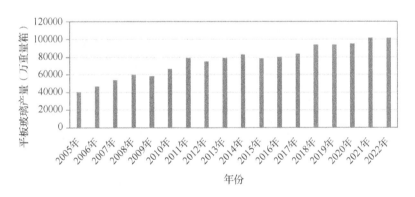

图 7-2　2005 年以来历年平板玻璃产量

（数据来源：国家统计局，2023 年 2 月）

四是固定资产投资平稳增长。国家统计局数据显示，2022 年，全国固定资产投资额为 57.2 万亿元（不含农户），同比增长 5.1%。非金属矿采选业和非金属矿物制品业的固定资产投资额分别同比增长 17.3% 和 6.7%。其中，建筑安装工程的固定资产投资同比增长 5.2%，基础设施投资（不含电力、热力、燃气及水生产和供应业）同比增长 9.4%。

五是进出口保持较快增长。根据海关总署相关数据，我国建材行业进出口额均出现大幅增长。2022 年，建材及非金属矿商品出口和进口总额分别为509.3 亿美元和 347.6 亿美元，与同期相比增长 11.3% 和 21.0%。其中，陶瓷砖进出口总额为 50.45 亿元，出口总额和进口总额分别为 48.99 亿元和 1.45 亿元；玻璃纤维及其制品进口和出口总量分别为 12.47 万吨、183 万吨，进口量同比下降 31.5%，出口量同比增长 9.0%，进口和出口总额分别为 8.55 亿美元、32.9 亿美元。建筑玻璃、砖、轻质建筑材料、防水建筑材料、隔热隔音材料等商品出口量和出口额均呈现增长趋势。而砖瓦及建筑砌块、防水建筑材料的进口量和进口额出现增长。

二、建材行业节能减排主要特点

建材行业是国民经济的基础产业，是资源、能源消耗和排放比较大的行业，建材行业的节能减排是实现工业绿色低碳发展的重要环节。节能减排的重点主要围绕顶层设计、创新发展两个方面。

一是加强顶层设计，出台《建材行业碳达峰实施方案》。2022 年 11 月 2 日，中华人民共和国工业和信息化部、中华人民共和国国家发展和改革委员会、中华人民共和国生态环境部、中华人民共和国住房和城乡建设部四部门联合发布《建材行业碳达峰实施方案》，文件中提出："确保 2030 年前建材行业实现碳达峰。"还鼓励有条件的行业率先达峰。

二加快绿色建材生产、认证和推广应用。2022 年 3 月 3 日，中华人民共和国工业和信息化部办公厅、中华人民共和国住房和城乡建设部办公厅、中华人民共和国农业农村部办公厅、中华人民共和国商务部办公厅、中华人民共和国国家市场监督管理总局办公厅、国家乡村振兴局综合司六部门联合发布《关于开展 2022 年绿色建材下乡活动的通知》（工信厅联原〔2022〕7 号）。按照"部门指导、市场主导、试点先行"原则，2022 年选择 5 个左右试点地区开展活动。最终，选择浙江、天津、山东、四川 4 地作为绿色建材下乡活动试点地区。

三是积极开展重点行业节能降碳技术改造。为贯彻落实《建材行业碳达峰实施方案》，中国建筑材料联合会发布了《水泥行业碳减排技术指南》和《平板玻璃行业碳减排技术指南》。指南的发布为水泥、平板玻璃企业提供节能降碳技术改造方向参考，为行业实现绿色低碳高质量发展提供助力。

四是持续推广绿色建材。大力推广低能耗建筑、低碳建筑，从建筑本身的建设和运行角度降低能耗和碳排放。2022 年 3 月 1 日，中华人民共和国住房和城乡建设部印发《"十四五"建筑节能与绿色建筑发展规划》，要求提高新建建筑节能水平，推动零碳建筑、零碳社区建设试点。2022 年 10 月 24 日，中华人民共和国财政部、中华人民共和国住房和城乡建设部、中华人民共和国工业和信息化部发布《关于扩大政府采购支持绿色建材促进建筑品质提升政策实施范围的通知》，要求加大绿色低碳产品采购力度，全面推广绿色建筑和绿色建材。

第二节　典型企业节能减排动态

一、中国建材集团有限公司

（一）公司概况

中国建材集团有限公司（以下简称中国建材）于 2006 年 3 月在香港联合交易所上市，2018 年 5 月与原中国中材股份有限公司实施重组，是央企中国建材的核心产业平台。公司旗下拥有 A 股上市公司 14 家，20 万名员工，是全球最大的水泥、商品混凝土、石膏板、玻璃纤维、风电叶片、轻钢龙骨生产商和水泥系统集成服务商之一。

2022 年，公司实现营业收入 2301.7 亿元，同比下降 16.5%；净利润为 79.6 亿元，三大板块净利润贡献结构不断优化。建材的收入由 2021 年的 1876.03 亿元减少至 2022 年的 1472.31 亿元，降幅为 21.5%，主要是由于水泥产品、商品混凝土和骨料的平均售价下降，水泥产品、商品混凝土的销量减少所致，但部分销量被骨料的销量增加所抵消。基础建材板块，商品混凝土、骨料净利润同比大幅增长；吨熟料综合能耗及销售、管理、财务费用都有所改善；供给侧结构性改革不断深化，行业不断健康发展。新材料板块，石膏板业务利用自身规模和市场占有率优势强化成本传导能力，玻璃纤维业务通过产品结构调整和贵金属处置实现盈利增长，风电叶片业务销量大幅增长，锂电池隔膜销量和 A 品率显著提升，碳纤维西宁万吨基地一期 1.1 万吨项目顺利投产，助力销量抬升。

2022 年，中国建材绿色低碳转型成效显著，特别是上市公司——中国建材股份有限公司在应对气候变化领域成绩显著,吨水泥熟料综合能耗下降 2.25%,吨玻璃纤维综合能耗下降 0.39%,每平方米石膏板综合能耗下降 2.76%。建设"光伏+"能源工厂 22 家,发电量为 10.3 万兆瓦时,相当于减排二氧化碳 5.9 吨。使用生物质燃料 36.67 万吨,水泥熟料生产线应配尽配余热发电,发电量为 778.5 万兆瓦时,相当于减排二氧化碳 444 万吨。

(二)发展特点

一是大力发展新材料业务,通过阶梯式布局,推动业务滚动式发展,稳步提升收入。第一梯队是发展相对成熟、规模优势较高且销售收入超过百亿的玻璃纤维、石膏板、风电叶片等新材料;第二梯队是具备五十亿级销售收入的锂电池隔膜、碳纤维和防水系统等新材料;第三梯队是具备十亿级销售收入的氢气瓶、石墨、涂料等新材料。通过阶梯性培育新材料产品,不断提升新材料板块对中国建材的收入。

二是全面推进国际化。加强基础建材板块和新材料板块国际化布局,全业务、全流程、全要素都实现国际化,通过多种方式,如新建和并购、轻资产和重资产相结合的方式,使中国建材的综合竞争力在全球范围内迅速提升。

三是大力推进数字化、绿色化转型。推动数字化转型是顺应数字经济时代、建设数字中国的必然要求,中国建材将强化科技创新攻关,打造关键材料原创技术策源地,树立市场化的理念,推进科技创新成果产业化,做好研发设计的数字化、生产制造的智能化和数字化、管理过程信息化和数字化、客户服务的数字化和敏捷化这 4 方面的数字化转型工作。绿色低碳转型既是国家"双碳"政策的内在要求,也是实现高质量发展的重要支撑,中国建材将在绿色低碳转型方面继续发力,继续做好源头减碳、过程降碳、末端固碳、全流程管碳。

二、安徽海螺水泥股份有限公司

(一)公司概况

安徽海螺水泥股份有限公司(以下简称海螺水泥),1997 年 10 月 21 日,海螺水泥 H 股在香港联合交易所正式挂牌交易;2002 年,海螺水泥 A 股在上海证券交易所成功上市。主营业务是水泥、商品熟料、骨料及混凝土的生产和销售。作为基础建材行业的领军企业,海螺水泥秉持"创新引领、数字赋能、绿色转型"的发展理念，加速推动企业向高新技术企业转变、业态向新兴产业转型、管理向世界一流转轨，创建具有核心竞争力的世界一流企业。

2022 年，海螺水泥实现营业收入 1320.22 亿元，同比下降 21.4%，降幅较 2021 年同期扩大；实现净利润 156.61 亿元，同比下降 52.9%，降幅较 2021 年同期扩大；每股收益为 2.96 元。受宏观经济下行压力加大、房地产市场持续走弱等因素的影响，全国水泥市场需求明显收缩，市场需求持续低迷，叠加供给增加，使得全年水泥价格高开低走，煤炭等能源价格大幅上涨推升成本，在需求和成本双重压力下，水泥行业效益下滑。

（二）发展特点

一是广聚创新之力，夯实前进发展"压舱石"。科技创新是企业发展的"压舱石"。2021 年，海螺水泥全面实施"一体、两翼、双发、三轮"的创新发展行动计划。以"卡脖子"问题、创新性技术为研发重点，与多所院校合作建立二氧化碳资源化联合实验室、甲醇-SCR 脱硝技术联合实验室、新材料与智能制造联合实验室，打造集实验研究、新产品研发和人才培养于一体的新型科研基地，不断加速产学研，促进成果转化。着力攻关关键核心技术，实施了水泥窑烟气二氧化碳捕集纯化（CCS）环保示范项目、水泥全流程智能制造工厂、水泥窑协同处置生活垃圾系统等，推动水泥制造技术升级，从而提质增效。

二是厚积数字之能，激活产业管理新引擎。数字经济是企业增长的"新引擎"。近年来，海螺水泥运用市场逻辑、资本力量，集聚要素资源，积极打造具有较强影响力的跨行业、跨领域的"双跨平台"，孵化出无人驾驶、智能机器人、智能质量管理和智慧物流供应链平台等智能制造科技公司，入选工业和信息化部首批智能制造标杆企业。

三是筑牢绿色之基，当好质效统筹"净化器"。绿色低碳是海螺水泥企业转型的"风向标"。近年来，海螺水泥积极贯彻落实国家碳达峰碳中和目标，制定行动方案和路线图，构建起以十大载体和两只基金为主的"10+2"绿色低碳发展体系，加速打造全生命周期的绿色低碳数字产业生态圈，为全社会经济发展腾出用能空间和环境容量。近年来，海螺水泥坚持以"减污降碳协同增效"为总抓手，把降碳作为源头治理的"牛鼻子"，致力于研究水泥生产替代燃料、替代原料、低钙熟料、无（少）熟料水泥等技术，以减少碳酸盐原材料的使用，降低水泥生产过程中二氧化碳的排放。

第八章

2022 年电力行业节能减排进展

电力行业作为我国国民经济的基础性支柱行业,对经济发展和社会稳定至关重要。党的十八大以来,我国电力行业取得了巨大的成就。2022 年,面对复杂的国际环境变化和新冠疫情等多重考验,电力行业认真贯彻落实党中央、国务院关于能源电力安全保供的各项决策部署,积极落实"双碳"目标新要求,有效应对极端天气影响,全力以赴保供电、保民生,为新冠疫情防控和经济社会发展提供了坚强的电力保障。电力装机结构继续向绿色低碳发展转变,我国各类电源总装机容量达到 25.6 亿千瓦。电力行业正朝着绿色低碳的发展方向迈进,建设以绿色电力为特色的现代电力系统,是支撑我国绿色经济体系、实现能源资源优化配置、建设美丽中国的前提和保障。

第一节　总体情况

一、行业发展情况

2022 年,全国全口径发电装机容量为 25.6 亿千瓦,同比增长 7.8%。其中,火电装机容量为 13.3 亿千瓦,同比增长 2.7%;水电装机容量为 4.1 亿千瓦,同比增长 5.8%;核电装机容量为 5553 万千瓦,同比增长 4.3%;风电装机容量为 3.6 亿千瓦,同比增长 11.2%;太阳能发电装机容量为 3.9 亿千瓦,同比增长 28.1%。全口径非化石能源发电装机容量为 12.7 亿千瓦,同比增长 13.8%,占总装机容量的 49.6%,同比提高 2.6 个百分点。2012—2022 年全国发电装机容量,如图 8-1 所示。

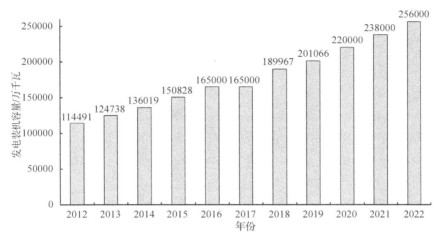

图 8-1 2012—2022 年全国发电装机容量

（数据来源：中国电力企业联合会、国家统计局）

2022 年，全国全社会用电量为 8.64 万亿千瓦时，同比增长 3.6%。第一季度到第四季度全社会用电量分别同比增长 5.0%、0.8%、6.0% 和 2.5%，受新冠疫情等因素影响，第二季度、第四季度电力消费增速回落。从各产业用电量来看，第一产业用电量为 1146 亿千瓦时，同比增长 10.4%。第二产业用电量为 5.7 万亿千瓦时，同比增长 1.2%。第三产业用电量为 1.49 万亿千瓦时，同比增长 4.4%。城乡居民生活用电量为 1.34 万亿千瓦时，同比增长 13.8%。全国工业用电量为 5.6 万亿千瓦时，同比增长 1.2%，占全社会用电量的 64.8%。全国制造业用电量为 4.2 万亿千瓦时，同比增长 0.9%。

二、行业节能减排主要特点

2022 年，电力行业投资、发电装机增速及电力结构等方面均向清洁化、可再生方向转变，电力行业绿色低碳转型成效显著。

装机侧延续绿色低碳转型趋势。一是新投产总发电装机规模及非化石能源发电装机规模均创历史新高。2022 年，全国新增发电装机容量为 2.0 亿千瓦，其中新增非化石能源发电装机容量为 1.6 亿千瓦。二是非化石能源发电装机容量占总装机容量约一半。截至 2022 年年底，全国全口径发电装机容量为 25.6 亿千瓦，其中非化石能源发电装机容量为 12.7 亿千瓦，同比增长 13.8%，占总装机容量的比重上升至 49.6%，同比提高 2.6 个百分点。分类型看，水电发电装机容量为 4.1 亿千瓦，其中抽水蓄能发电装机容量为 4579 万千瓦；核电发电装机容量为 5553 万千瓦；并网风电发电装机容量为 3.65 亿千瓦，其中陆上风电发电装机容量为 3.35 亿千瓦，海上风电发电装机容量为 3046 万千瓦；并网太阳能发电装机容量为 3.9 亿千瓦；火电发电装机容量为 13.3 亿千瓦，其中煤电发电装机容量占总发电装机容量的 43.8%。三是是电力投资同比增长 13.3%，非化石能源发电投资占电源投资的比重达到 87.7%。2022 年，重点调查企业电力完成投资同比增长 13.3%。电源完成投资增长 22.8%，其中非化石能源发电投资占比为 87.7%；电网完成投资增长 2.0%。

发电侧整体依然偏煤炭，但装机侧低碳转型趋势传导作用显现。2022 年，全国规模以上工业企业发电量达到 8.39 万亿千瓦时，同比上升 2.2%。其中，火电、水电、核电的增幅分别为 0.9%、1.0%、2.5%。风电和太阳能的并网发电量分别增长了 16.3% 和 30.8%。非化石能源的发电量占总发电量的 36.2%，同比提高了 1.7 个百分点。而煤电的发电量仅增长了 0.7%，占比下降了 1.7 个百分点，但仍然是我国电力供应的主力军，占全口径总发电量的 58.4%。在来水明显偏枯的第三季度，全口径煤电发电量同比增长 9.2%，较好地弥补了水电出力的下降，充分发挥了煤电的兜底保供作用。

可再生电力发电设备利用情况趋势不一。太阳能发电设备利用小时同比提高 56 小时，风电、火电、核电、水电发电设备利用小时同比分别降低 9 小时、65 小时、186 小时、194 小时。2022 年，全国 6000 千瓦及以上电厂发电设备利用小时为 3687 小时，同比降低 125 小时。分类型看，水电发电设备利用小时为 3412 小时，为 2014 年以来年度最低，同比降低 194 小时。核电发电设备利用小时为 7616 小时，同比降低 186 小时。并网风电发电设备利用小时为 2221 小时，同比降低 9 小时。并网太阳能发电设备利用小时为 1337 小时，同比提高 56 小时。火电发电设备利用小时为 4379 小时，同比降低 65 小时；其中煤电发电设备利用小时为 4594 小时，同比降低 8 小时；气电发电设备利用小时为 2429 小时，同比降低 258 小时。

输电侧长距离输电能力不断加强。2022 年，跨区输送电量同比增长 6.3%，跨省输送电量同比增长 4.3%。2022 年，全国新增 220 千伏及以上输电线路长度 38967 千米，同比增加 6814 千米；全国新增 220 千伏及以上变电设备容量为（交流）25839 万千伏安，同比增加 1541 万千伏安。2022 年全国完成跨区输送电量为 7654 亿千瓦时，同比增长 6.3%，其中 8 月高温天气导致华东、华中等地区电力供应紧张，电网加大了跨区电力支援力度，当月全国跨区输送电量同比增长 17.3%。2022 年全国完成跨省输送电量为 1.77 万亿千瓦时，同比增长 4.3%；其中 12 月部分省份电力供应偏紧，当月全国跨省输送电量同比增长 19.6%。

第二节　典型企业节能减排动态

一、中国长江电力股份有限公司

（一）公司概况

中国长江电力股份有限公司（以下简称长江电力）是由中国长江三峡集团有限公司作为主发起人设立的股份有限公司，经国务院批准而成立。该公司于 2002 年 9 月 29 日成立，并于 2003 年 11 月在上海证券交易所进行了 IPO 挂牌上市。此后，公司于 2020 年 9 月 30 日在伦敦证券交易所成功发行全球存托凭证（GDR），现有总股份为 227.42 亿股。

长江电力主要从事水力发电、配售电，以及海外电站运营、管理和咨询业务，同时还涉足智慧综合能源和投融资领域。公司在德国、葡萄牙、秘鲁、巴西、马来西亚等多个国家开展相关业务。目前，长江电力拥有长江干流三峡水电站、葛洲坝水电站、溪洛渡水电站和向家坝水电站的全部发电资产，总装机容量为 4559.5 万千瓦。其中，公司在我国水电领域的总装机容量占全国总量的 11.6%。因此，长江电力是我国最大的电力上市公司之一，也是全球最大的水电上市公司之一。

（二）主要做法与经验

长江电力打造闭环式 ESG 管理机制，助推企业高质量发展。在实践中不断深入对 ESG 的理解，将 ESG 管理理念融入企业战略和运营管理体系中，从"对长江电力发展影响程度"和"利益相关方关注程度"两个主要维度，识别出对自身影响重大、利益相关方普遍关注的 25 项关键议题，并积极将社会责任、环境保护和公司治理有机统一起来，不断提升公司治理和流域清洁水能综合利用水平。

一是夯实 ESG 管理基础。长江电力以"枢纽运行、卓越运营、互利合作、清洁发展、回馈社会、乐业进取"六大主题为主线，在系统披露公司社会责任实践的基础上，为进一步提升公司国际化管理水平，吸引更多海外投资、提升公司市值，综合考虑 MSCI（Morgan Stanley Capital International，摩根士丹利资本国际指数）、富时罗素、标普、道琼斯评级体系，强化 ESG 研究和管理，初步建立了与公司地位相匹配的、国际化的可持续发展形象，为公司成为国际上最大的电力上市公司之一和世界水电行业引领者提供有力支撑。

二是量化碳排放指标。通过系统分析识别碳排放来源，有针对性采取碳排放管理策略，不断提高水电站绿色运营管理水平。面向梯级电站开展温室气体排放统计测算，系统识别生产运营过程中的温室气体种类及来源，温室气体排放情况整体向好。开展三峡水库温室气体排放监测与分析研究，总结分析温室气体源汇变化的长期趋势。

三是积极开发碳资产管理平台，加快储备碳足迹管理、碳资产核查能力，以清洁能源开发降碳。打造能管云 3.0，为用户提供涵盖"源—网—荷—储"的智慧生产运营平台解决方案打通绿色电能与千万用户的连接通道，推动用户侧碳减排。截至 2022 年年底，智慧生产运营平台已连接 300 余企业用户、4 万多个人用户。

（三）节能减排投入与效果

截至 2022 年年底，长江电力可控水电装机容量为 4559.5 万千瓦。2023 年 1 月，公司完成乌东德水电站、白鹤滩水电站（共 2620 万千瓦）收购，水电总装机容量增至 7179.5 万千瓦。葛洲坝水电站 19 台 12.5 万千瓦机组改造增容胜利收官，最大发电容量增加 47.5 万千瓦，增长 17.37%，葛洲坝水电站的装机容量增加至 321 万千瓦。

2022 年，长江电力所属 4 座梯级电站累计发出绿色清洁电能 1855.81 亿千瓦时，相当于减排二氧化碳 1.54 亿吨。按照国内温室气体排放统计标准，长江电力温室气体排放总量约为 2.2 万吨。范围 1 化石燃料燃烧排放量为 1633.57 吨，范围 2 净购入电力、热力和冷量产生的排放量约为 2 万吨。

2022 年装备制造业节能减排进展

装备制造业水平是衡量国家制造业核心竞争力的标志，装备制造业支撑和带动着整个国民经济发展。重大技术装备的发展将提升产业基础能力，为石化、能源、交通等重点领域提供基础支撑，满足国民经济建设重大需要。

第一节 总体情况

一、行业发展情况

2022 年装备制造业运行以稳为主，同时面临较大压力。随着各级政府稳增长和保市场主体相关政策措施的落实，行业总体企稳回升趋势明显。优质企业表现突出，克服压力，降本增效，带动整个行业稳健前行。2022 年，装备制造业增加值比 2021 年增长 5.6%，比全部规模以上工业平均水平高 2 个百分点，占规模以上工业增加值比重 31.8%，强有力地支撑了工业经济增长态势。分行业看，金属制品业、电气机械和器材制造业实现两位数增长，汽车制造业增加值增速超过 2021 年 0.8 个百分点。从产品来看，新能源汽车、移动通信基站设备、工业控制计算机及系统产量分别增长 97.5%、16.3%、15.0%。2022 年装备制造业 8 个细分行业增加值累计增长率如表 9-1 所示。

表 9-1 2022 年装备制造业 8 个细分行业增加值累计增长率

行业	2021 年增加值累计增长（%）	2022 年增加值累计增长（%）
金属制品业	16	12.2
通用设备制造业	12.4	-1.2

续表

行业	2021 年增加值累计增长（%）	2022 年增加值累计增长（%）
专用设备制造业	12.6	3.6
汽车制造业	5.5	6.3
铁路、船舶、航空航天和其他运输设备制造业	8.4	2.4
电气机械及器材制造业	16.8	11.9
通信设备、计算机及其他电子设备制造业	15.7	7.6
仪器仪表制造业	12.0	4.6

数据来源：国家统计局，2023 年 2 月

　　2022 年，在购置税减半等一系列"稳增长、促消费"相关政策拉动下，我国汽车工业呈恢复性增长，全年产销量稳中有增，为整个工业经济增长做出积极贡献。2022 年，我国汽车产量达到 2702.1 万辆，同比增长 3.4%，销量达到 2686.4 万辆，同比增长 2.1%。其中，乘用车产量为 2383.6 万辆，同比增长 11.2%，销量为 2356.3 万辆，同比增长 9.5%。我国汽车国际市场认可度逐步提高，成为全球汽车领域主要的出口国之一。新能源汽车继续爆发式增长，市场占有率已高达 25.6%。2022 年，我国新能源汽车产量达到 705.8 万辆，同比增长 96.9%，销量达到 688.7 万辆，同比增长 93.5%。其中，纯电动汽车产量为 546.7 万辆，同比增长 83.4%，销量为 536.5 万辆，同比增长 81.6%。新能源汽车出口也呈快速增长趋势，全年累计出口量约 70 万辆，实现 120% 的增长。数十家中国品牌进入欧洲新能源汽车主流市场，我国新能源汽车的核心技术，从整车制造到电池和充电技术等逐步向国外输出。

　　2022 年，我国造船完工量、新接订单量和手持订单量以载重吨计分别占全球总量的 47.3%、55.2%、49.0%，以修正总吨计分别占全球总量 43.5%、49.8%、42.8%，三大指标国际市场份额均保持世界第一。2022 年，我国造船完工量为 3786 万载重吨，同比下降 4.6%，其中，海船为 1295 万修正总吨；新接订单量为 4552 万载重吨，同比下降 32.1%，其中，海船为 2133 万修正总吨。手持订单量为 10557 万载重吨，同比增长 10.2%，其中，海船为 4530 万修正总吨，出口船舶占总量的 90.2%。2022 年，我国分别有 6 家企业进入全球造船完工量、新接订单量和手持订单量前 10 强名单。全国造船完工量、新接订单量、手持订单量前 10 家企业集中度分别为 64.9%、63.6%、65.8%，继续保持较高水平。

二、行业节能减排主要特点

2022 年，在"双碳"背景下，电力装备绿色低碳化发展步伐加快，工程机械等行业相继全面步入"国四"时代，船舶绿色智能化发展路线基本构建，装备制造行业深入推行绿色制造，对推动全国工业节能减排工作起到积极作用。

（一）加快电力装备绿色低碳发展

2022 年，工业和信息化部等五部门联合印发《加快电力装备绿色低碳创新发展行动计划》。文件中提出："通过 5～8 年时间，电力装备供给结构显著改善，保障电网输配效率明显提升，高端化智能化绿色化发展及示范应用不断加快，国际竞争力进一步增强，基本满足适应非化石能源高比例、大规模接入的新型电力系统建设需要。煤电机组灵活性改造能力累计超过 2 亿千瓦，可再生能源发电装备供给能力不断提高，风电和太阳能发电装备满足 12 亿千瓦以上装机需求，核电装备满足 7000 万千瓦装机需求。"的主要目标。2022 年，我国风电、光伏新增装机容量在 1.2 亿千瓦以上，累计装机容量已超过 7 亿千瓦，据统计，2022 年风电、光伏新增装机容量占全国新增装机容量的 78%，2022 年新增风电、光伏发电量占全国新增发电量的 55% 以上，保供作用越来越明显，已经成为最具竞争力的产业之一。

（二）工程机械等行业相继全面步入"国四"时代

根据生态环境部要求，自 2022 年 12 月 1 日起，不符合"国四"标准要求的 560 千瓦以下（含 560 千瓦）非道路柴油移动机械及柴油机，将禁止生产、进口及销售。工程机械行业、农业机械行业等相继全面进入"国四"阶段。"国四"升级，更多的是涉及环保监管方面的升级，相关配套的法律法规将更加严格和完善。从"国四"升级可以看到国家对推动排放升级的决心和行动。重点企业在产品方面提前进行了布局，三一重工举行"国四"挖掘机上市发布会，涵盖挖掘机、装载机全系列近 40 款产品，首批订购"国四"新机的客户可以享受优惠；广西柳工集团有限公司则将"国四"新品作为 2022 年"双十一"营销重点，"国四"升级将必然打开市场新的增长极。

（三）船舶绿色智能化发展路线基本构建

内河航运在我国经济发展中扮演着重要的角色，主要以长江、珠江、京杭大运河、淮河等为主，具有运能大、能耗低、成本低等比较优势，主要包括客船、货船、工程船等，是我国船舶工业装备体系的重要组成部分。近年来，我国内河船舶大型化、标准化发展取得积极成效，但在绿色化、智能化等方面的发展仍有差距。2022 年，工业和信息化部等五部门印发《关于加快内河船舶绿色智能发展的实施意见》，文件中提出："到 2025 年，液化天然气（LNG）、电池、甲醇、氢燃料等绿色动力关键技术取得突破，船舶装备智能技术水平明显提升，内河船舶绿色智能标准规范体系基本形成。"优先发展绿色动力技术，包括积极稳妥发展 LNG 动力船舶，加快发展电池动力船舶，推动甲醇、氢等动力技术应用。内河船舶面临转型机遇。

第二节　典型企业节能减排动态

一、福建雪人股份有限公司

（一）公司概况

福建雪人股份有限公司（以下简称雪人公司）创建于 2000 年，公司总部位于福建省福州滨海工业区，拥有滨海、里仁两个工业园，是一家以压缩机为核心产业，集余热回收发电、新能源、工商业制冷及其成套制冷系统的研发设计、制造安装、售后服务于一体的高科技企业。在全球制冰设备制造行业，雪人公司的市场综合占有率名列前茅，属于制冰设备制造行业的龙头企业。公司在产品绿色设计、供应商采购考核制度，以及体系、技术研发等方面的发展经验可为传统制冰设备制造企业的绿色发展提供借鉴。

（二）主要做法与经验

一是注重产品绿色设计，积极开发绿色产品。

雪人公司采用绿色产品设计理念，开发适用于环保制冷剂 R717（氨）、R744（二氧化碳）、R245fa 等的各类产品，包括压缩机组、制冰机、冷水机组、热泵机组等。在设计环节中，提倡绿色环保材料及工艺技术，减少有毒有害物质排放。公司与瑞典 SRM 公司合作开发可适用于天然工质（空气、水、二氧化碳、氨气、碳氢化合物）及各种环保制冷剂的新型高效节能环保制冷压缩机，技术水平达到全球先进，填补了国内螺杆压缩机领域的技术空白。公司与美国 CN 公司合作开发的新型磁悬浮离心压缩机，采用世界上比较先进的离心压缩机气动设计、无油设计和环保制冷剂设计理念，对臭氧层无破坏力，综合性能比传统压缩机节能 30%～40%。公司通过开发适用于中小型速冻冷库的氨用半封闭变频螺杆压缩机机组，将逐步淘汰 R22 制冷剂，减少制冷系统中的氨充注量（远低于 50 千克），还将用二氧化碳作为载体减少冷库中氨的存在，保证冷库运行的安全性。

二是深入实施绿色发展理念，推动绿色采购。

雪人公司成立"绿色制造能力提升领导小组"，在产品设计开发、绿色物料选择、生产工艺规划等方面构建绿色发展理念，选用高效节能电机、树脂砂铸造技术铸造的绿色机壳铸件、近净成型技术的绿色转子锻件等绿色生产物料，减少污染环境、有毒有害物质的使用，开发一批绿色产品，采用车铣复合加工技术、高效转子啮合检测技术、环保喷漆等绿色工艺，减少加工、检测、喷漆环节污染物排放等，降低企业单品能耗，提高企业制造技术和制造过程的绿色化率，降低对环境资源的影响度。在供应商选择方面，公司制定了《供方质量管理办法》，全方位规范公司的原材料采购和供应商管理。作为上游企业，雪人公司严于律己，从产品的原材料储运到工艺的绿色化，到产品的质量安全升级，到整个生产过程的职业健康安全，均有严格的制度要求和考核机制，努力成为绿色供应链中的绿色供应商。

三是建立产、学、研、用联合体，努力构建绿色制造体系。

雪人公司联合高等院校和科研院所、物料和装备供应商、终端用户等多家上下游企业构建产、学、研、用联合体，主要聚焦高效节能压缩机绿色制造生产工艺和设备，研究分析多个工序的合理配置，并结合压缩机制造过程中创新绿色工艺技术和绿色物流、高效节能装备的集成应用，单位产品能耗、水耗和污染物排放控制，提出节能、节材、降耗等绿色化提升方案，解决项目建设过程中关键工艺、工序绿色化程度弱及环境资源承载能力不足的问题，努力构建高效、清洁、低碳、环保的压缩机绿色制造体系。

二、中车时代电动汽车股份有限公司

（一）公司概况

中车时代电动汽车股份有限公司成立于 2007 年，是中国中车集团有限公司整合国内外各种优质资源成立的国内首家专业从事电动汽车研发与制造的高新技术企业。公司创建了以安全、可靠、智能、节能为核心的新能源汽车技术集成平台，构建了完整新能源汽车全产业链。公司始终坚持绿色发展，打造绿色公交用车、绿色公路交通用车、绿色轻型车、绿色货车、绿色景区车、绿色物流车等，构建绿色智慧交通体系，使其成为中车新名片。

（二）主要做法与经验

一是开展全流程绿色化改造。

首先，实施"整车工艺装备能力提升技改项目"，在"三大车间、5 个主要瓶颈点"上进行绿色改造和投入，改造硬件设施，加强科学有效管理，大幅提升单位面积产出，减少废弃物的产生和排放，提高现代化管理水平。项目建成投用后，平均生产节拍从 60 分钟/台降低到 35 分钟/台，日产能从 18 台/天提升到 30 台/天，年产能达到 6000 台以上。其次，实施"涂装车间提质增效项目"，通过实施喷漆室格栅清理，高压水枪清洗比焚烧每年节约约 6 万元，达到环保要求，降低了喷漆室的安全风险；建立检测室，监控原材料、过程关键性能、工艺质量，建立质量数据库，提高公司的检测和质量控制能力，提高公司的工艺研究与质量分析水平，提高产品质量合格率，间接促进了绿色发展；对烤漆房温度实时监控，避免因烘烤温度过高或超时烘烤带来的质量事故，避免因烧烤超时而浪费燃气，节约能源。

二是实施绿色供应链管理。

公司坚持合作共赢，积极发挥在供应链上的带动作用，强化供应商管理，开展"负责任采购"，最大限度地避免供应链责任风险，推进物资采购与供应链管控，明确年度供应链业务管理目标，分解落实供应链绩效评价指标，不断完善供应商管理准则，公开采购监督负面清单，持续推进合规采购，在采购环节关注环保、节能等因素，倡导供应商履责，从而共同打造优质绿色的供应体系。加强供应链信息化管控，利用中国中车供应链电子商务协同平台——中车购，充分利用云计算、移动互联网、大数据等信息通信技术，整合轨道交通行业优质企业，实现与全球高端、高品质供应链资源与采购企业的对接和合作，为供应链上下游企业提供全流程、信息化的智慧供应链协同解决方案，使得采购业务公开、透明，并实现可追溯性管理。

三是通过信息化手段促进节能降耗。

公司建立了"能源、环保、安全"三位一体的在线监测管理系统，实现智能监测，促进节能环保安全管理水平全方位提升。公司通过对能源消耗使用情况在线监测，实施节能技术改造，促进成本下降；通过监控企业污水和废气的产生情况，预防环境污染事件；通过监控企业重大危险源及安全巡检状况，预防重特大安全事故。

区 域 篇

第十章

2022 年东部地区工业节能减排进展

2022 年，是"十四五"时期工业节能减排工作的第二年。我国东部地区的北京、天津、河北、辽宁、上海、江苏、浙江、福建、山东、广东、海南 11 个省市深入推动工业节能减排，在"双碳"目标导引下，加大力度推进节能减碳改造，单位 GDP 能耗继续下降，主要污染物排放持续下降，产业结构更加优化，绿色制造进一步推进，工业绿色转型效果明显。

第一节　总体情况

一、节能情况

从整体上看，东部地区各省市工业节能工作扎实推进，工业能源利用效率在全国处于先进水平，工业节能工作对各省市工业行业高质量发展和提高碳效率具有较强的支撑作用。

北京市能源与经济运行调节工作领导小组办公室印发《北京市 2022 年能源工作要点》，全面梳理了北京市年度能源发展的总体要求、主要目标、重点任务和重点项目，是年度能源领域建设发展、结构调整、节能降耗、运行保障等各项工作发展的"施工图"。北京市已经连续 14 年超额完成国家下达的节能目标任务，能源利用效率持续提升，2021 年万元地区生产总值能耗下降 3%左右，处于全国先进水平。组织开展 2022 年工业节能诊断服务工作，以重点用能企业全面节能诊断、中小企业节能诊断、培育节能诊断服务机构为任务内容，以主要技术装备、关键工序工艺、能源计量管理为重点内容开展能效诊断，对工业企业优化用能结构、提升用能效率、强化用能管理提出改进措施和建议。

天津市工业和信息化局印发《天津市 2022 年工业节能与综合利用工作要

点》，推动工业节能降耗，提出"全市规模以上工业单位增加值能耗累计下降6.8%左右"的目标。主要目标是：2022年，全市工业节能与综合利用系统要立足"制造业立市"，以碳达峰碳中和目标为引领，深入贯彻绿色发展理念，持续推进绿色制造，扎实开展工业节能降耗和节水增效，提高工业资源综合利用水平，坚决打好新能源产业链攻坚战和工业领域污染防治攻坚战，加快推动天津市工业高质量发展。重点工作包括：加强顶层设计，编制出台《天津市工业领域碳达峰实施方案》；推进绿色制造体系建设；推动工业节能降耗，开展节能诊断服务，深入挖掘节能潜力，年度完成80家重点用能企业诊断服务，加强示范引领，组织申报国家工业节能技术装备和"能效之星"产品、"能效领跑者"示范，推动节能技术改造，围绕钢铁、石化等重点行业，加快先进节能技术、装备和产品推广应用，推动实施一批余热余压利用、能量系统优化、锅炉节能改造等节能改造项目。

河北省工业和信息化厅印发《河北省2022年工业绿色发展工作要点》，提出实施七大行动加快工业绿色低碳转型，创建100家省级及以上绿色工厂，年内实施重点绿色化改造项目300项以上，持续提高能源利用效率，开展2022年度工业节能诊断服务活动，选定54家企事业单位为工业企业提供节能服务。

上海市碳达峰碳中和工业领导小组办公室、上海市应对气候变化及节能减排工作领导小组办公室印发《上海市2022年碳达峰碳中和及节能减排重点工作安排》，落实市政府对全市节能减排工作的总要求，能耗总量和强度"双控"工作部署，将2022年能耗总量和强度控制目标层层分解，落实到各用能单位。力争规模以上工业单位产值能耗有所下降。

江苏省为了进一步挖掘工业节能潜力，提升工业能效水平，江苏省工业和信息化厅制定并发布了《江苏省工业领域节能技改行动计划（2022—2025年）》。计划中提出加快产业结构调整、推广节能先进技术、加快重点项目建设、严格落实能效要求、强化节能监察执法、加强节能服务支撑6项重点任务，提出的主要目标包括"到2025年，规模以上工业单位增加值能耗比2020年下降17%以上"。江苏省工业和信息化厅制定并发布《2022年度江苏省工业和信息产业转型升级专项资金项目指南》，支持企业节能减碳技改和绿色制造建设，支持新能源汽车推广。

浙江省经济和信息化厅印发《浙江省工业节能降碳技术改造行动计划（2022—2024年）》，以实施节能降碳技术改造为抓手，全力推进工业领域节能降碳技术改造，建设绿色制造体系和服务体系。该计划提出，经过 3 年努力，推动全省规模以上工业万元增加值能耗下降 10%。

广东省积极推进工业节能降碳，"十三五"期间，广东省单位规模以上工业增加值能耗累计下降 9.84%。在政策方面，把节能降碳摆在重要位置。扎实落实《广东省 2021 年能耗双控工作方案》《广东省坚决遏制"两高"项目盲目发展的实施方案》等政策文件的要求，推进生产线节能改造和绿色化升级，深入开展能效"领跑者"行动。在产业方面，加快重点行业绿色低碳转型。对全省重点企业项目全面摸底，登记造册，建立管理台账。对火电、钢铁、石化、有色、建材等重点行业，委托 40 多家专业第三方机构，对 300 余家企业开展节能诊断服务活动，提出能效改进路径和方向。

二、主要污染物排放情况

根据 2022 年生态环境部发布的《2021 年中国生态环境状况公报》，2021 年，全国 339 个地级及以上城市中，218 个城市环境空气质量达标，占全部城市数的 64.3%，比 2020 年上升 3.5%。

2021 年，京津冀及周边地区"2+26"城市优良天数比例范围为 60.3%～79.2%，平均为 67.2%，比 2020 年上升 4.7 个百分点。臭氧、PM2.5 和 PM10 等污染物超标天数分别占总超标天数的 41.8%、38.9%和 19.3%。

2021 年，北京市优良天数比例为 78.9%，出现重度污染天数为 6 天，严重污染天数为 2 天；PM2.5 浓度年平均值为 33 微克/立方米，PM10 浓度年平均值为 55 微克/立方米，臭氧浓度年平均值为 149 毫克/立方米，二氧化硫浓度年平均值为 3 微克/立方米，二氧化氮浓度年平均值为 26 微克/立方米，一氧化碳浓度年平均值为 1.1 微克/立方米，均比 2020 年有所下降。

2021 年，上海市优良天数比例为 91.8%，比 2020 年上升 3.8 个百分点。无重度及以上污染天，比 2020 年减少 1 天。PM2.5 浓度年平均值为 27 微克/立方米，PM10 浓度年平均值为 43 微克/立方米，臭氧浓度年平均值为 145 毫克/立方米，二氧化硫浓度年平均值为 6 微克/立方米，二氧化氮浓度年平均值为 35 微克/立方米，一氧化碳年平均值浓度为 0.9 微克/立方米。

三、碳排放权交易

北京市按照生态环境部《碳排放权交易管理办法（试行）》要求，公布了纳入全国碳市场的重点排放单位名单。全市共有 14 家发电行业重点排放单位纳入全国碳市场，2021 年全市重点碳排放单位共 886 家。根据《北京市碳排放权交易管理办法（试行）》有关规定和要求，开展全市 2021 年度碳排放配额有偿竞价发放，该次发放时间为 2022 年 11 月 23 日，有偿发放配额数量为 200 万吨。委托北京绿色交易所有限公司通过北京市碳排放权电子交易平台实施竞价发放。

2022 年 7 月 16 日，在全国碳排放权交易市场启动上线一周年之际，上海环境能源交易所和上海联合产权交易所通过线上线下相结合的方式，在上海环境能源交易所交易大厅举办了"2022 中国国际碳交易大会"，举行了碳金融产品的启动和发布仪式，启动了上海环境能源交易所"碳价格指数"开发，发布了"企业碳资信评价规范标准"，总结了全国碳排放权交易市场一周年运行情况，公布了首个履约期 20 家优秀交易实践案例企业名单。首批纳入的发电行业 2162 家单位，覆盖约 45 亿吨二氧化碳排放量，第一个履约周期履约完成率达到 99.5%，碳排放配额累计成交量为 1.79 亿吨，累计成交额为 76.61 亿元，成交均价为 42.85 元/吨。

第二节　结构调整

北京市坚持稳字当头，稳中求进，2022 年，经济逐步恢复，产业结构进一步优化。优势产业持续发挥支撑带动作用，信息服务业、金融业、科技服务业占全市 GDP 的 45.9%，比 2021 年提高了 2.5%。新能源汽车、风力发电机组、气动元件产量分别增长 1.9 倍、45.6% 和 36.5%。数字经济增加值增长 4.4%。

根据《2022 年天津市国民经济和社会发展统计公报》，2022 年，天津市工业增加值为 5402.74 亿元，比 2021 年略有下降。在规模以上工业中，制造业下降 2.5%。农副食品加工业、医药制造业、电气机械和器材制造业、专用设备制造业分别增长 16.6%、8.8%、8.3%、7.3%。航空航天、信创、生物医药、新能源等重点产业链增加值分别增长 15.6%、9.2%、7.6%、7.2%。

2022 年，河北省工业增加值为 14675.3 亿元，比 2021 年增长 4.2%。分行业看，农副食品加工业增加值下降 3%，食品制造业增长 16%，石油、煤炭及其他燃料加工业增加值增长 15.5%，非金属矿物制品业下降 1.8%，黑色金属冶炼和压延加工业增加值增长 6%，医药制造业增加值增长 10.8%，专用设备制造业增加值下降 3.4%，汽车制造业增加值下降 2.1%，计算机、通信和其他电子设备制造业增加值增长 11%。

根据《2022 年山东省国民经济和社会发展统计公报》，2022 年，山东省工业经济运行平稳。全部工业增加值为 28739.0 亿元，比 2021 年增长 4.4%。规模以上采矿业增加值增长 27.3%，制造业增加值增长 2.9%。

根据《2022 年浙江省国民经济和社会发展统计公报》，浙江省产业结构调整成效明显。以新产业、新业态、新模式为主要特征的"三新"经济增加值占 GDP 的比例达到 28.1%。数字经济核心产业增加值为 8977 亿元，比 2021 年增长 6.3%。高技术、战略性新兴、装备和高新技术产业增加值分别增长 11.5%、10.0%、6.2%和 5.9%，新能源、生物、新能源汽车、新一代信息技术产业增加值分别增长 24.8%、10.0%、9.4%、9.3%。

第三节　技术进步

一、海洋环保长效耐磨防污材料制备技术

"海洋环保长效耐磨防污材料制备及产业化"项目入选山东省 2022 年重大关键技术攻关项目。海洋环保长效耐磨防污材料制备技术主要针对当前海洋防污涂料防污期效短、无机和有机杀生剂含量高等突出短板和问题，研究氟硅改性聚氨酯树脂，突破有机无机杂化改性聚硅氧烷树脂分子设计和制备技术、海水环境中水凝胶层和接枝抑菌层结构单元的自组装抑菌防污结构等关键技术；研究含液光滑表面材料，突破超光滑防污涂层性能提升技术；开发无毒、耐磨、长效防污涂料和可粘贴高弹性防污膜材料；优化网衣涂料涂覆和复合加工、连续固化成型、防污膜材料的可粘贴加工等工艺，实现海水养殖网箱等用防污材料制品和网衣批量化制备，开展海洋防污涂层技术的工程化应用。

该耐磨防污树脂，拉伸强度大于等于 10 兆帕，断裂伸长率大于等于 100%；防污期效大于 36 个月。无毒，无重金属，无杀生成分释放。

二、固体废物制备装配式建筑绿色轻质墙材智能化装备核心技术

面向建筑工业化和绿色低碳智能建造需求，研发了固废物制备装配式建筑绿色轻质墙材智能化装备核心技术，提升了设备的智能化水平和固废物利用率，助力实现"碳达峰碳中和"。该技术核心技术包括生产工艺多目标优化与生产计划智能调度技术、料浆扩散度、压制成型压力精确控制技术、基于智能决策的故障预测与诊断技术。该技术应用的生产线，能够实现能耗比技术应用前下降30%，用工量下降35%，节材20%，促进石英砂尾矿、工业副产石膏、粉煤灰、石粉等固废物综合利用。该技术在江苏省已经布局示范线。

三、微生物诱导碳酸盐沉积改性固化赤泥工程利用技术

该技术成果适用于氧化铝工业固体废物赤泥的处理利用，将赤泥处理后作为工程材料，用于公路、市政道路、港口码头、厂矿、货场等工程的建设。通过向赤泥中植入特定微生物及相应无机材料，通过微生物新陈代谢诱导生成碳酸根，碳酸根与赤泥中的钙及其他金属阳离子形成碳酸盐，通过碳酸盐的胶结填充作用，提高赤泥的强度与水稳定性。重金属离子生成不溶性碳酸盐，防止向环境扩散，消除污染。经估算，如实现最大化利用，每千米高速公路可利用赤泥20万吨～30万吨，每千米国道、省道干线可利用赤泥6万吨～10万吨，每公顷港口码头货场可利用赤泥2万吨～4万吨，赤泥消耗量大，可实现大规模利用。山东省有魏桥海逸改性固化赤泥工程材料生产示范项目落地。

第四节 重点用能企业节能减排管理

一、浙江华友钴业股份有限公司

浙江华友钴业股份有限公司（以下简称华友钴业）成立于2002年，是一家专门从事新能源锂电材料和钴新材料研发、制造的高新技术企业。经过20多年的发展，公司完成了总部在浙江、资源保障在境外、制造基地在国内、市场在全球的空间布局；打造了新能源产业、新材料产业、印度尼西亚镍产业、非洲资源产业和循环产业五大事业板块，构建了镍钴锂资源开发、有色金属绿色

精炼、锂电材料研发制造、资源回收利用的新能源锂电材料全产业链。公司致力于成为全球锂电新能源材料领导者，推动企业效益与环境保护"双赢"。华友钴业的主要做法如下。

（一）不断完善组织体系

公司高度重视环保工作，对环保实行统一领导，集中管理。已经建立了由各部门领导、环保管理员、技术人员等组成的环保管理体系，设立专职机构和工作人员，负责公司内部环保工作监测、检查等管理任务。建立环保责任制度，将环境保护、减少污染纳入计划，参与制定工厂环保发展规划，拟定环保工作计划，参与编制和实施工厂环保管理方案或措施。

（二）创新驱动筑牢绿色发展根基

启动"330 科研计划"，即在 2020—2022 年 3 年间投入 30 亿元科研经费，形成量产一代、开发一代、储备一代的产品开发序列。"高电压锂电前驱体四氧化三钴关键技术及应用"项目荣获中国有色金属工业科学技术奖一等奖；核心产品四氧化三钴入选国家制造业单项冠军产品。创造性地开发了多形态钴资源协同高效浸出技术、基于氨皂萃取的多组分高效分离提纯技术、萃取钴液短程制备钴系高性能锂离子电池材料关键技术，成功解决了多形态原料的规模化协同处理难题，突破了多组分高效分离的瓶颈，已经实现了从钴资源到锂电材料全过程清洁生产、节能降耗和绿色制造。

（三）链式发展抢占先机

全面贯彻绿色发展理念，不断向上下游拓展延伸产业链条。以园区为平台，以项目为载体，推动产业集聚发展。聚焦钴镍锂资源开发及锂电材料制造一体化，加强项目投入、扩大锂电材料产能，逐步从钴镍锂资源开发向锂电材料制造一体化转型。企业基本形成了从钴镍锂资源开发、精炼加工、"三元前驱体"和锂电正极材料制造到资源循环回收利用的较为完备的新能源锂电产业生态。

二、河钢集团有限公司

河钢集团有限公司是由唐山钢铁集团有限责任公司、邯郸钢铁集团有限责任公司和承德新新钒钛股份有限公司 3 家上市公司强强联合合并组建的特大型钢铁企业。公司总部位于河北石家庄，具备年产 3000 万吨精品钢材的生产能力。公司拥有世界钢铁行业领先的工艺技术装备，具备进口钢材国产化、高端产品升级换代的强大基础，产品覆盖汽车、石油、铁路、桥梁、建筑、电力、交通、轻工、家电等应用领域。公司一直贯彻环保理念，提出"为人类文明制造绿色钢铁"的口号。致力于打造"低资源消耗、环保型生产、低成本制造"的绿色钢铁循环经济产业链，建设清洁循环可持续发展的绿色钢铁企业。河钢集团有限公司的典型经验如下。

（一）全面建立环保标准化制度体系

公司积极推行环保标准化管理，持续建立完善环保标准化制度体系，实现环保管理程序化、标准化、规范化。开展环保联查活动，深入子公司和分公司进行督导检查，发现问题隐患限期整改，做到全覆盖、重实效。

（二）大力推进绿色技术改造

公司将绿色环保技术改造作为重要抓手，大力推进环保技术研发、超低排放节能改造，污染物排放量持续降低，吨钢二氧化硫、氮氧化物、烟粉尘排放量指标均大幅改善。积极探索实现"碳达峰碳中和"的有效路径。唐钢新区获评钢铁行业"双碳最佳实践能效标杆示范厂培育企业"，"基于冶金流程集成理论打造绿色、智能、品牌化国际钢铁工厂"项目入围中国企业联合会与中国企业家协会联合发布的"2022 企业绿色低碳发展优秀实践案例"。

第十一章

2022 年中部地区工业节能减排进展

第一节　总体情况

2022 年，我国中部地区六省深入推进工业节能减排工作，以"碳达峰碳中和"目标为引领，促进工业经济高质量增长，绿色制造体系逐步完善，工业绿色低碳发展水平继续提升。

一、节能情况

2022 年，山西省的节能主题是"绿色低碳，节能先行"。围绕"双碳"目标，大力调整经济结构，加大淘汰落后产能力度，培育壮大新兴产业。通过健全工作机制和政策体系、强化目标考核和预警调控、推进节能技术改造、加强重点企业节能、推广先进适用节能技术等措施，全省节能降耗取得积极成效。经测算，2021 年全省以 3.2% 的能耗增速支撑了 9.1% 的 GDP 增速。

2022 年，河南省人民政府发布《河南省"十四五"节能减排综合工作方案》，方案中提出"到 2025 年，全省单位生产总值能源消耗比 2020 年下降 14.5%以上"的目标。方案要求完善总量"双控"，推动提高能源利用效率力度；还提出"'十四五'时期，规模以上工业单位增加值能耗下降 18%"。

2022 年，安徽省节能工作扎实推进。加强高耗能行业能耗管控，组织开展钢铁、水泥、平板玻璃等重点领域国家重大专项节能监察。积极开展日常节能监察，进一步提升能效和节能管理水平。组织开展重点耗能行业能效水平对标达标，积极推进高耗能企业落实能效"领跑者"制度。在国家双控目标责任评价考核中，安徽省连续 5 年获得超额完成等级。

2022年，湖南省全社会用电量为2235.54亿千瓦时，比2021年增长3.8%。其中，工业用电量为1094.74亿千瓦时，下降1.1%。全省规模工业增加值能耗下降7.8%，超额完成下降3%的年度目标任务。全年规模以上工业综合能耗比2021年下降0.9%，"六大高耗能行业"综合能耗消费量下降0.9%。

2022年，湖北省以项目为抓手，切实推进工业节能，围绕节能减碳技术改造成效突出的项目、重大节能低碳技术产业化示范工程、高效节能技术装备产品研发生产重点项目等加大支持力度。

2022年，江西省节能降耗成效明显。工业能耗强度进一步下降，全省规模以上工业单位增加值能耗同比下降3.4%，降幅比2021年同期收窄4.2个百分点。六大高耗能行业单位增加值能耗同比下降3.2%，降幅收窄1.2个百分点。

二、主要污染物减排情况

2022年，山西省大气污染治理效果显著。按《环境空气质量指数（AQI）技术规定（试行）》（HJ633—2012）进行评价，11个地级城市环境空气达标天数范围为219～327天。全年PM2.5平均浓度为38微克/立方米，优良天数比例达到74.5%。

2022年，安徽省PM2.5年平均浓度为34.9微克/立方米，连续两年达到国家二级标准。全省16个省辖市空气质量平均优良天数比例为81.8%。全省地表水总体水质良好，全省城市集中式饮用水源地水量达标率为99.1%。

2022年，在湖北省省内监测的13个地级及以上城市中，全年空气质量达标的城市占38.5%，未达标的城市占61.5%。细颗粒物（PM2.5）未达标城市年平均浓度为43微克/立方米，比2021年上升7.5%。

2022年，湖南省8个市级城市空气质量达到二级标准。设市城市生活垃圾无害化处理率为100%。

2022年，江西省设区市PM2.5平均浓度为27毫克/立方米，比2021年下降6.9%，平均浓度达到国家二级标准。全年优良天数比例为92.1%，比2021年下降4.0个百分点。劣Ⅴ类水质比例为0。

三、碳排放权交易

碳排放权交易是减少全球二氧化碳排放，应对气候变化的市场机制。湖北省碳交易中心是全国碳排放权注册等级系统所在地。湖北省经过几年碳排放权交易试点的经验积累，有条件、有基础承担好全国碳排放权注册登记系统的建设任务。

2022 年 10 月，碳交易中心实施"碳链计划"碳监测云平台上线运行，"碳链计划"将重点控排企业、中小企业、建筑、家庭、个人等碳排放和碳减排等涉"碳"场景和行为"链接"起来，最终形成个人碳账户、企业碳账户和政府碳账本，探索建设全国碳数据库，服务碳达峰和碳中和工作。

2023 年 4 月，《湖北省碳排放权管理和交易暂行办法（修订草案建议稿）》通过专家评审，这是湖北省生态环境厅在新形势下，主动作为，推进湖北省试点碳市场做优做强，为湖北省打造全国碳市场和碳金融中心提供坚实保障。

第二节　结构调整

根据《山西省 2022 年国民经济和社会发展统计公报》，2022 年全省工业增加值实现 12758.6 亿元，规模以上工业增加值增长 8%，其中，制造业增长 8.7%。并网太阳能发电装机容量 1695.7 万千瓦，增长 16.3%。

根据《2022 年河南省国民经济和社会发展统计公报》，2022 年全省规模以上工业增加值比 2021 年增长 5.1%。传统支柱产业增长 4.7%，战略性新兴产业增长 8%，高技术制造业增长 12.3%。战略性新兴产业占规模以上工业增加值比重达到 25.9%，高技术制造业占规模以上工业增加值达到 12.9%，产业结构持续优化。

根据《安徽省 2022 年国民经济和社会发展统计公报》，安徽省全年制造业增长 5.6%。其中，汽车制造业增长 22%，电器机械和器材制造业增长 21.1%，计算机、通信和其他电子设备制造业增长 8.7%。汽车、太阳能电池、集成电路产量分别增长 17.4%、33.6%、100.5%。

根据《湖北省 2022 年国民经济和社会发展统计公报》，湖北省全省规模以上工业增加值比 2021 年增长 7%。全省高技术制造业增加值比 2021 年增长 21.7%，增速快于规模以上工业增加值 14.7 个百分点，占规模以上工业增加值比重达到 12.1%。

根据《湖南省 2022 年国民经济和社会发展统计公报》，湖南省 2022 年规模以上工业增加值比 2021 年增长 7.2%。计算机、通信和其他电子设备制造业实现 207.9 亿元利润额，比 2021 年增长 28.7%。

根据《江西省 2022 年国民经济和社会发展统计公报》，2022 年全省工业增加值实现 11770.3 亿元，比 2021 年增长 5.5%。按行业统计，计算机、通信和其他电子设备制造业增长 32.1%，电力、热力生产和供应业增长 14.9%。战略性新兴产业、高新技术产业、装备制造业增加值分别增长 20.6%、16.9%、17.3%，占规模以上工业增加值比重比 2021 年分别提升 3.9%、2.0%、2.9%。

第三节　技术进步

一、宽粒级磁铁矿湿式弱磁预选分级磨矿技术

宽粒级磁铁矿湿式弱磁预选分级磨矿技术采用宽粒级磁铁矿湿式弱磁预选、分级磨矿新工艺，解决了磁铁矿石粒级范围较宽不能直接湿式预选的问题，通过选矿机预选抛出磁铁矿中的尾矿，减少入磨尾矿量，再利用绞笼式双层脱水分级筛对精矿和尾矿进行筛分，粗粒精矿进入球磨机，细粒精矿进入旋流器分级，粗粒尾矿作为建材综合利用，细粒尾矿改善总尾矿粒级分布，从源头上提高了充填强度和尾矿库安全性，节能效果明显。

该技术解决了宽粒级入磨（0～30 毫米）磁铁矿无法直接湿式抛尾的难题，实现了磨前宽粒级抛尾。较宽粒级干式抛尾产率提高 15%。

该技术适用于冶金行业的磁铁矿磨矿工艺节能技术改造。

二、园区多能互补微网系统技术

园区多能互补微网系统技术针对园区用能，融合分布式光伏、太阳能光热、风力发电、储热、储电、风力发电、交直流混合配电网、溴化锂热源制冷、智能充电桩等技术，通过智慧能源管理平台来实现各清洁能源供给、储存、传输、利用的综合管理及互补，降低园区用能成本。

该技术通过电力电子双向变换装置，实现交直流配电网的互通，形成柔性交直流混合配电微电网。融合蓄电池储电、固体储热两种方式，实现对电能、热能的存储，提高能源利用效率，弥补清洁能源间歇性、波动性的不足。通过智慧能源管理平台对各环节进行综合管理。

该技术适用于园区能源信息化节能技术改造,在西电宝鸡电气有限公司已有应用案例。

三、外循环生料立磨技术

外循环生料立磨技术采用外循环立磨系统工艺,将立磨的研磨和分选功能分开,物料在外循环立磨中经过研磨后全部排到磨机外,经过提升机使研磨后的物料进入组合式选粉机进行分选,分选后的成品进入旋风收尘器收集,粗颗粒物料回到立磨进行再次研磨,能源利用效率大幅提升,系统气体阻力降低5000 帕,降低了通风能耗和电耗。

技术功能特性:一是外循环生料立磨技术用于水泥行业等原料粉磨系统中,可实现降低系统阻力。二是采用机械提升物料代替气力提升物料,可降低粉磨系统电耗,电耗降低幅度与原料易磨性、系统工艺设计有关,通常为 3 ~ 4 千瓦时/吨。

该技术适用于水泥等行业的原料立磨节能技术改造。在湖北京兰(永兴)水泥有限公司实施了改造项目。改造完成后,系统产量提升约 10%,系统电耗降低 4.47 千瓦时/吨,年节约电量约 756 万千瓦时,折合年节约标煤 2457 吨,减排二氧化碳 6812 吨/年。

第四节 重点用能企业节能减排管理

一、中煤平朔集团有限公司

中煤平朔集团有限公司(以下简称中煤平朔)是中国中煤能源集团有限公司的煤炭生产核心企业,成立于 1982 年,是多项指标位居行业领先水平的露井联采特大型煤炭生产企业,是我国主要动力煤基地和国家确立的晋北亿吨级煤炭生产基地。公司现有 3 座年生产能力 2000 万吨以上的特大型露天矿,4 座现代化高产高效井工矿,其中,年生产能力千万吨级矿井 2 座,300 万吨优质配焦煤矿井 1 座,90 万吨矿井 1 座。公司资产总额为 715.91 亿元。公司高度重视绿色环保,累计投入环保、绿化复垦资金 50 多亿元,矿区土地复垦率在50%以上,复垦区植被覆盖率在 95%以上,为煤炭行业生态文明建设做出重大贡献。

（一）大力发展循环经济

以绿色采矿串起中煤平朔循环经济，不断提升煤炭资源利用效率，将煤炭资源吃干榨净。经过多年发展，建立起以煤炭开采为基础，以煤矸石及煤系伴生矿物综合利用为重点的煤—电—硅铝—煤化工—建材工业产业链。

实现废水闭路循环。为解决污水、废水治理难题，配套建成了各类废水、污水处理设施 13 座和 67 万立方米的调蓄水库及复用系统，提高中水利用效率，广泛应用于选煤厂生产、露天矿道路洒水和矿区绿化，整个矿区基本实现水资源闭路循环，废水废气排放口均实现了达标排放。

全面推进热电联产。从"十二五"期间至今，矿区累计淘汰小锅炉 30 余台，当前只剩 1 台集中供热锅炉在用，已完成改造工作。矿区基本实现了热电联供。同时，中煤平朔安装了在线监测设施，并依法申领了排污许可证，定期向社会公开环境信息。

（二）注重制度建设

中煤平朔高度重视制度建设在推进绿色转型发展中的作用，出台多项制度文件，推行开采方式科学化、矿井环境生态化。出台的主要制度文件包括《环境保护工作管理办法》《绿化复垦管理办法》《新、改、扩建及技改项目环境管理办法》《中煤平朔集团有限公司水污染防治管理规定》等 8 项，用制度来规范建设和发展，促进了产业结构转型和升级。以"组织管理、制度建设、目标考核"体系建设为中心，不断完善环保管理体系。成立了节能环保领导组，设立节能环保部，具体负责日常节能环保及生态建设管理工作。同时，规范新建项目法律报批程序，通过科研单位专业分析研究、规划设计，在项目动工前，做好环评等前置工作，确保项目顺利实施。

（三）建设生态园区

近年来，中煤平朔矿区引进 87 个品种，建立了草、灌、乔、木复垦种植的立体模式，形成了采矿、排土、复垦、种植一条龙生产作业方式。中煤平朔围绕复垦土地，发展现代农业，统筹失地农民就业，打造绿色产业链这一目标，编制了《平朔矿区生态农业及旅游业规划》《平朔矿区生态再造暨旅游发展规划》。在复垦土地上，建成 1.6 万平方米智能温室、300 座日光温室、博物馆、人工湖等设施，集生态恢复、现代农业、生态工业旅游于一体的生态园区已初具规模。还将继续投入大量资金进行生态环境治理。

二、郑州煤电股份有限公司

郑州煤电股份有限公司（以下简称郑州煤电）于 1997 年年底成立，1998 年在上海证券交易所挂牌交易。它是国有重点煤炭企业境内 A 股第一家上市公司，河南第一家上市的中央企业。公司主营煤炭生产及销售，兼营煤炭相关物资和设备的采购与销售等贸易业务。公司拥有生产矿井 6 对，年煤炭生产能力近千万吨。主导产品为中灰、低硫、高发热量、可磨性好的贫煤、贫瘦煤和无烟煤，是优质的工业动力煤。经过多年发展，公司在采煤工艺、开采技术、锚网支护等领域形成了具有公司特色的自主知识产权技术，拥有"三软"不稳定煤层安全高效开采、瓦斯治理、矿井水害防治和难选构造煤洗选加工等方面的核心技术。矿山超大功率提升机全系列变频智能控制技术与装备项目获国家科学技术进步奖二等奖，技术发展水平和安全生产能力在行业内很有代表性。公司注重绿色发展，将绿色基因贯穿企业发展的全过程。致力于把公司打造成为充满活力的新型能源上市公司。

（一）规划引领

2020 年，公司把推进绿色矿山建设作为绿色发展的关键点，成立绿色矿山建设领导小组，制定绿色矿山建设规划和实施方案，建立和完善绿色矿山建设工作责任制和考核评价体系，把绿色环境、绿色生产、绿色文化纳入考核指标，定期对重点项目执行情况开展专项检查和跟踪督查。定期召开推进协调会，及时跟踪并解决绿色矿山建设过程中的重大问题，保证绿色矿山建设各项工作的组织、协调和实施。构建科学合理的激励约束机制，充分运用行政、经济、产业、金融等多种手段，形成有利于促进资源合理利用、节能减排和保护环境的有关政策制度体系，着力构建促进综合利用的长效机制。

（二）多点发力

开展综合整治。重点包含 3 方面内容，一是粉尘治理，对煤场进行全封闭，安装了自动喷雾降尘设备。煤场出入口及运煤公路设置车辆冲刷站。井下风钻、煤电钻均采用"湿式打眼"。地面输煤、筛选系统及储煤系统采用封闭管理，转载点设置了布袋除尘器和喷雾降尘装置。二是废水治理，扎实做好矿井水、污水、废水处理与排放，更新废水在线监测装置。优化能源结构，供热源采用清洁能源+燃气锅炉方式，实现产煤不烧煤。三是提升固废的综合利用与管理水平。煤矸石用于填沟造田，设置危险废物暂存间，分类堆放、有序管理，委托有资质的专业公司及时处置。

（三）创新驱动

公司高度重视技术创新，每年投入大笔资金用于技术创新，不断改进和优化工艺流程，采用新技术新工艺新装备，主动淘汰落后产能，有计划地不断更新改造现有生产环节和装备，淘汰高耗能、高污染的工艺和设备。大力推进智能化矿山建设，制定了智能化矿山建设方案，建设了矿山生产、安全监测监控系统，实现了生产、安全监测监控系统集中管控和信息联动。目前，矿山管理已经实现智能感知、智能调度和智能决策，达到安全管理智能化、生产过程自动化、决策部署高效化、移动无纸化办公。

第十二章

2022 年西部地区工业节能减排进展

第一节　总体情况

　　我国西部地区包括 12 个省、市及自治区，即西南五省、区、市（四川省、云南省、贵州省、西藏自治区），西北五省、区（陕西省、甘肃省、青海省、新疆维吾尔自治区、宁夏回族自治区），以及内蒙古自治区、广西壮族自治区。当前，西部地区大部分省份的工业结构以重工业为主，根据 2020 年起实施的《西部地区鼓励类产业目录（2020 年本）》，西部地区今后的发展在重视发挥区位优势的同时也会逐渐增强承接产业转移的竞争力，引导中东部地区产业有序向西部地区进行转移。2021 年，西部地区规模以上工业增加值同比增长 6.2%，预计未来几年西部地区的重化工产业规模还将持续扩大，生态保护所面临的形势将更为复杂而严峻。

　　2022 年，我国全社会用电量为 8.64 万亿千瓦时，同比增长 3.6%，城乡居民生活用电量为 1.34 万亿千瓦时，同比增长 13.8%。从用电量增速来看，18 个省份的用电量增速超过了全国平均值，其中就有 8 个省份位于西部地区，而西藏自治区、云南省更是以 17.4% 和 11.8% 的增速列居全国前二；从"单位 GDP 电耗"来看，位居前五的省份均位于西部地区，其中青海省的单位 GDP 电耗最高，达 2553.95 千瓦时/万元，是全国最低值 8.3 倍（北京的单位 GDP 电耗为 307.85 千瓦时/万元），而低于全国平均值的 17 个省份中仅有 3 个省份位于西部地区。

一、节能情况

　　在节能减碳方面，我国推动能耗"双控"向碳排放总量和强度"双控"转变，即从对"单位 GDP 能耗"和"能源消费总量"两个指标调控转向对"单位 GDP 二氧化碳排放量"和"二氧化碳排放总量"的系统调控。2022 年 3 月，在全国两会上，《2022 年国务院政府工作报告》提出，有序推进碳达峰碳中和工作，落实碳达峰行动方案，推动能耗"双控"向碳排放总量和强度"双控"转变，完善减污降碳激励约束政策，发展绿色金融，加快形成绿色低碳生产生活方式。

在能耗"双控"工作完成不理想的情况下，宁夏回族自治区人民政府总结经验、吸取教训，印发《宁夏回族自治区"十四五"节能减排综合工作实施方案》，其中明确提出："到 2025 年，全区单位地区生产总值能耗比 2020 年下降 15%，力争下降 17%，能源消费总量得到合理控制；化学需氧量、氨氮、氮氧化物、挥发性有机物重点工程减排量分别达到 0.6 万吨、0.03 万吨、1.22 万吨和 0.41 万吨以上。"还提出"深入实施节能减排重点任务"。以钢铁、有色、建材、化工等行业为重点，实施节能降碳改造和污染物深度治理。着力提升工业园区节能环保水平，推动工业园区能源系统整体优化和污染综合整治。系统完善交通物流节能减排体系，全面实施汽车"国六"排放标准和非道路移动柴油机械"国四"排放标准，加快淘汰"国三"及以下排放标准汽车。全面推广绿色快递包装，引导电商企业、邮政快递企业选购使用获得绿色认证的快递包装产品，开展可循环快递包装规模化应用试点。推动公共机构带头使用新能源汽车，新增及更新的公务用车使用新能源比例不低于 10%。统筹推进城镇绿色节能改造。推进银川市、石嘴山市"无废城市"建设，支持银川市建设废旧物资循环利用体系示范城市。推动工业余热、电厂余热、太阳能、地热能等在城镇供热中的规模化应用。加大城市燃气、供热等老旧管网更新改造力度，开展公共供水管网漏损治理，争取国家试点建设。到 2025 年，城镇新建建筑中绿色建筑面积占比达到 100%，县级以上城市实现清洁取暖全覆盖，新建公共建筑光伏一体化应用达到 50%以上。

工业是新疆维吾尔自治区能源消费和碳排放的重要领域之一，根据《新疆维吾尔自治区 2022 年国民经济和社会发展统计公报》，2022 年新疆维吾尔自治区全年规模以上工业综合能源消费量为 16695.12 万吨标准煤，比 2021 年增长 0.9%。全社会用电量为 3585.48 亿千瓦时，增长 1.5%。其中，工业用电量为 2916.16 亿千瓦时，增长 2.5%。"十四五"以来，新疆维吾尔自治区锚定控制能源消费总量、单位地区生产总值能耗下降 14.5%、单位工业增加值能耗下降 17%、单位地区生产总值二氧化碳排放降低目标，大力实施工业用能单位节能增效技术改造，推进煤炭能源清洁高效利用，积极构建新型电力系统，新能源消纳能力不断提升，能源消费结构不断优化。加强工业重点企业、重点领域节能降碳管控，积极探寻减碳路径，工业减排能力不断提升，工业能耗和碳排放强度得到有效控制。2022 年，新疆维吾尔自治区重点耗能工业企业单位电石综合能耗下降 1.8%，吨钢综合能耗下降 1.8%，单位电解铝综合能耗下降 0.4%。电厂火力发电标准煤耗下降 0.7%。

二、污染防治情况

四川省持续深入打好污染防治攻坚战，在大气污染治理方面，四川省地处盆地、气象扩散条件总体偏差，通过加强源头整治、突出科学精准治理、分地区奖惩考核等方式打响重污染天气消除攻坚战，取得明显成效。2022 年，四川省 PM2.5 平均浓度为 31 微克/立方米，同比下降 3.1%；重污染天 7 天，同比减少 8 天；PM2.5 平均浓度达标城市增至 15 个，PM2.5 平均浓度达标县（市、区）增至 148 个；包括攀枝花市、绵阳市、广元市等在内的 14 个市（州）空气质量达标；在水环境治理方面，2022 年全省地表水环境质量持续向好，目前全省 203 个国考断面 202 个达到Ⅲ类以上，优良断面占比为 99.5%，同比上升3.4 个百分点，无 V 类、劣 V 类断面；140 个省考断面，139 个达到Ⅲ类以上，优良断面占比 99.3%；纳入考核的全国重要江河湖泊水功能区 314 个全部达标；安宁河、雅砻江、青衣江、赤水河、岷江、大渡河、涪江、渠江、黄河、嘉陵江 10 条流域国考断面水质优良断面占比均为 100%。

贵州省纵深推进污染防治攻坚战，紧盯污染防治重点领域和关键环节，深入推进大气、水、土壤、固废治理污染防治攻坚和环境风险防控攻坚，全省生态环境质量总体保持优良。空气质量方面。9 个中心城市环境空气质量均达到《环境空气质量标准》二级标准；平均优良天数比例为 99.1%，同比上升 0.7 个百分点。88 个县（市、区、特区）环境空气质量均达到二级标准；平均优良天数比例为 99.1%，同比上升 0.5 个百分点。水环境质量方面。全省地表水水质总体为优，114 条主要河流 222 个监测断面水质优良断面［水质优良断面：水质类别为Ⅰ～Ⅲ类的断面。断面水质类别为Ⅰ～Ⅱ类，水质状况为优；水质类别为Ⅲ类，水质状况为良好；水质类别为Ⅳ类，水质状况为轻度污染；水质类别为 V 类，水质状况为中度污染；水质类别为劣 V 类，水质状况为重度污染。］

比例为 98.2%（达到Ⅲ类及以上水质类别），同比上升 0.5 个百分点；24 个重要湖（库）水质类别达到Ⅲ类及以上的有 23 个；23 个出境断面［出境断面：省控监测断面中地表水由贵州省流入周边省（市、区）的断面。］全部达到Ⅲ类及以上水质类别。9 个中心城市 26 个集中式生活饮用水水源地水质达标率保持 100%；147 个县级集中式生活饮用水水源地水质达标率保持 100%。48 个国家地下水环境质量考核点位中Ⅰ～Ⅳ类水质点位比例为 95.8%。

内蒙古自治区统筹污染治理、生态保护、应对气候变化，从严从实抓好中央生态环境保护督察整改，强化监测监管执法，积极构建现代生态环境治理体系，生态环境保护各项工作取得新进展、新突破，全区生态环境质量实现持续改善。2022 年，全区优良天数比例为 92.9%，PM2.5 平均浓度为 22 微克/立方米，重污染天气比例为 0.1%。优良天数比例、PM2.5 年均浓度两项指标在全国分别为第十名和第八名；监测数据显示，全区重点流域 121 个国考断面水质优良比例为 76%；内蒙古扎实推进黄河流域生态环境保护，印发《内蒙古黄河流域生态环境综合治理实施方案》，流域内国考断面优良水体比例为 74.3%，干流 9 个"国考断面"水质全部为Ⅱ类。强化乌海及周边地区生态环境综合治理，区域环境空气质量优良天数比例为 79.7%，同比提高 3.4 个百分点，达到历史最好水平。深入打好蓝天保卫战。完成钢铁和焦化企业超低排放改造 5 家、工业炉窑治理 129 台、挥发性有机物治理 278 项、清洁取暖改造 37.5 万户；呼和浩特市、乌兰察布市、巴彦淖尔市列入国家北方地区清洁取暖城市。持续推进碧水保卫战。全区 24 个断面水质提升改善；制定《内蒙古自治区加强入河排污口排查整治和监督管理工作方案》《内蒙古自治区重点流域国考断面水质补偿办法（试行）》；开展全区 20 个县级及以上城市黑臭水体环境治理行动。

第二节 结构调整

中华人民共和国国家发展和改革委员会修订出台《西部地区鼓励类产业目录（2020 年本）》。西部地区鼓励类产业范围将进一步扩大，其中不乏一些重化工产业，西部地区节能减排的压力将会随之继续增加。

广西壮族自治区的经济在 2022 年呈现出温和增长趋势。根据《2022 年广西壮族自治区国民经济和社会发展统计公报》，全年 GDP 为 26300.87 亿元，比 2021 年增长 2.9%。其中，第一产业增加值为 4269.81 亿元，增长 5.0%；第二产业增加值为 8938.57 亿元，增长 3.2%；第三产业增加值为 13092.49 亿元，增长 2.0%。在广西壮族自治区，第一产业、第二产业、第三产业的增加值分别占地区生产总值的 16.2%、34.0%和 49.8%，对经济增长的贡献率分别为 28.6%、35.6%和 35.8%。2022 年，广西壮族自治区的新产业呈现蓬勃发展势头。全年规模以上的高技术制造业增加值比 2021 年增长了 13.9%，占规模以上工业的比重为 6.1%，较 2021 年提高了 0.8 个百分点。其中，电子及通信设备制造业和计算机及办公设备制造业的增加值分别增长了 17.8%和 23.9%。高技术产业的投资也呈现强劲增长态势，全年高技术产业投资比 2021 年增长了 40.9%，其中，高技术制造业投资增长了 60.8%，工业技术改造投资增长了 11.5%。高技术服务业也在快速增长，全年规模以上服务业中，软件和信息技术服务业的营业收入比 2021 年增长了 35.6%，互联网和相关服务增长了 42.0%。高技术产品的增势也十分良好，新能源汽车产量比 2021 年增长了 39.2%，光电子器件增长了 72.2%，集成电路增长了 78.4%，锂离子电池增长了 14.5%。

四川省自然资源丰富，是我国的重要的农业大省和清洁能源大省。近 10 年四川省经济增速快于全国，2022 年经济总量达到 5.67 万亿元，2012—2022 年平均经济增速达 7.7%，远高于全国水平（6.4%）。2022 年，四川省三次产业占比为 10.5∶37.3∶52.2，与全国三次产业比重的 7.3∶39.9∶52.8 相比，四川省的第一产业占比明显较高。2022 年在全国需求收缩、供给冲击、预期转弱的大背景下，四川省还面临着高温干旱、缺电限电、地震灾害等许多突发问题，经济发展面临诸多挑战。而随着稳增长 30 条、投资 7 条、工业 14 条、消费 6 条、财税 10 条等一系列政策的出台和"决战四季度，大干一百天"攻坚行动的开展，四川省的经济得到快速恢复，2022 年第四季度规模以上工业增加值、固定资产投资等重要经济指标实现较快回升，全年 GDP 较上年增长 2.9%，仅比全国低 0.1 个百分点。

根据《贵州省 2022 年国民经济和社会发展统计公报》，2022 年，贵州省全年 GDP 为 20164.58 亿元，同比增长 1.2%。三次产业结构由 2020 年的 14.2∶34.8∶50.9 进一步优化为 2022 年的 14.2∶35.3∶50.5。在省内重点监测的工业行业中，有三成行业保持增长态势。其中，计算机、通信和其他电子设备制造业增加值比 2021 年增长 45.9%，酒、饮料和精制茶制造业增长 32.6%，电气机械和器材制造业增长 31.2%，铁路、船舶、航空航天和其他运输设备制造业增长 12.8%，烟草制品业增长 6.7%。

青海省在 2022 年的经济发展总体上呈现出增长态势，尤其是第一产业、第二产业的增加值增长较为明显，而第三产业的增加值增长略有下降。根据《2022 年青海省国民经济和社会发展统计公报》，青海省 2022 年的 GDP 达到 3610.1 亿元，较 2021 年增长了 2.3%。具体来看，第一产业的增加值为 380.2 亿元，增长了 4.5%；第二产业的增加值为 1585.7 亿元，增长了 7.9%；第三产业的增加值为 1644.2 亿元，下降了 2.5%。三次产业结构为 10.5∶43.9∶45.6。2022 年，全省规模以上工业增加值比 2021 年增长 15.5%。从三大门类来看，制造业增加值增长 30.0%，电力、热力、燃气及水生产和供应业下降 4.7%，采矿业下降 13.7%。从特色优势产业来看，高技术制造业增长 1.1 倍，装备制造业增长 1.6 倍，新材料产业增长 1.5 倍，盐湖化工产业增长 31.3%。从产品产量来看，单晶硅增长 6 倍，多晶硅增长 1.6 倍，碳纤维增长 1.5 倍，太阳能电池增长 1.2 倍，光纤增长 1.0 倍，碳酸锂增长 24.5%，钾肥(实物量)增长 13.3%，原盐增长 24.3%，铜箔增长 12.6%。从经营效益看，1～11 月，规模以上工业企业实现利润 779.9 亿元，同比增长 1.3 倍。营业收入利润率 19.0%，同比提高 7.3 个百分点。

第三节　技术进步

一、侧顶吹双炉连续炼铜技术

侧顶吹双炉连续炼铜技术采用高铁硅比（$Fe/SiO_2 \geqslant 2$）的熔炼渣型、安全可靠地直接产出含铜 75% 的白冰铜，吹炼采用较高铁钙比渣型、产出含硫 < 0.03% 的优质粗铜。因熔吹炼烟尘率低、渣量小含铜低、流程返料少及反应热利用充分，获得铜精矿至粗铜直收率 > 90% 和粗铜单位产品综合能耗降低，实现高效化、清洁化、自动化连续炼铜。

技术功能特性：一是铜精矿经一步熔炼产出含铜 75% 的白冰铜，将造锍和铜锍造渣吹炼过程的反应热汇集在双侧吹熔池反应区，有效降低了熔炼工序的燃料消耗；二是采用高铁硅比（$Fe/SiO_2 \geqslant 2$）的熔炼渣型，熔炼渣量小，带走的热量少；同时渣精矿、吹炼渣及重尘的返回量小，进一步降低熔炼工序燃料率；三是熔融态的白冰铜、粗铜均采用溜槽转输到下一步工序，显热得以充分利用；四是利用吹炼富余热量可 100%消化电解返回的残阳极，节省了单独熔化残极的能耗。

该技术已在赤峰云铜年产 40 万吨铜建设项目中应用，技术提供单位为赤峰云铜有色金属有限公司。

二、乙烯裂解炉节能技术

乙烯裂解炉节能技术适用于石化化工行业乙烯裂解炉节能技术改造。它围绕乙烯裂解炉辐射段、对流段、裂解气余热回收系统 3 个重要组成部分，采用强化传热高效炉管、裂解炉余热回收、裂解炉耦合传热等技术，减少燃料气消耗量，降低排烟温度，提高裂解炉热效率，延长清焦周期，增加超高压蒸汽产量。该技术可实现裂解炉热效率提高 1%～1.5%，运行周期延长 30%～50%，超高压蒸汽产量增加 20%。

技术功能特性：燃料气消耗量减少 1%～2%，二氧化碳排放量减少 1%～2%；降低辐射炉管壁温度 20℃左右，减少裂解炉辐射炉管的蠕变和渗碳；提高产汽率 20%左右，有效降低装置能耗。

该技术已在塔里木乙烷制乙烯项目中应用，技术提供单位为中国寰球工程有限公司。

三、太阳能异聚态热利用系统

太阳能异聚态热利用系统适用于可再生能源领域供热节能技术改造，系统由聚热板、循环主机、冷热末端组成，聚热板吸收太阳能辐射能、风能、雨水能等自然能热量，使板内工质相变，经循环主机推动压缩，转换为高品能后进入冷凝器进行热交换，从而实现热水、采暖、制冷、烘干等功能全天候供应。制冷为反向循环。制热年均能效比：5，综合制热能效比：>2；制冷能效比：≥3.5；在-30～45℃无电辅助加热可正常运行；集热板承压能力：≥50 千克/平方厘米。

技术功能特性：该技术可充分利用风能、太阳能等可再生能源，同时超低温运行技术保证系统在-30℃极寒天气下可连续高效稳定供热；系统能效比高，与电热设备相比，全年平均节能率 80%以上。

该技术已在陕西榆林油田太阳能异聚态原油加热项目中应用，技术提供单位为浙江柿子新能源科技有限公司。

第四节 重点用能企业节能减排管理

西部地区共有 9 家企业被列入《2022 年度重点用能行业能效"领跑者"企业名单》中，分布在云南省、内蒙古自治区、新疆维吾尔自治区、四川省等，主要涉及有色、冶金、水泥和石化化工等行业。

一、中石油云南石化有限公司

中石油云南石化有限公司（以下简称云南石化）是中国石油"十三五"期间唯一投产的新建大型炼厂，与跨国能源大动脉——中缅油气管道共同构成了我国西南油气引进和加工的战略格局。云南石化占地面积为 300 公顷，建有 1300 万吨/年常减压、330 万吨/年重油催化裂化、240 万吨/年连续重整等 17 套主要工艺装置和完备的公用工程系统，2017 年，项目实现了"安全平稳绿色一次开车成功"的投产目标。可生产汽油、柴油、航煤、丙烯等 16 类 69 种产品，立足云南省、辐射西南地区、出口东南亚国家。云南石化原油综合加工能力为 1300 万吨/年。2021 年，加工原油为 975.7 万吨，单位产品综合能耗为 6.97 千克标准油/吨·因数，比标准先进值提升 0.43%。云南石化的主要做法如下。

（一）优化系统运行水平

优化上下游热供料比例，正常工况轻油装置 100%直供，重油装置热料比例不低于 80%。全面开展油品直调，减少电耗及 VOCS 排放量，以异构化油直调 5 为标志，汽油、柴油实现直调，原油 30%左右实现直调。优化重油罐运行方式，关闭加热蒸汽等。改质石脑油跨石脑油加氢反应器节约燃料气 300 标立方米/小时。异构化排放气体改进焦化降低能耗为 1 千克标准油/吨。通过 ASPEN 软件等工具优化操作条件，在确保安全的前提下，分节点稳步调整。如渣油加氢充分利用反应热，反应炉燃料气节约 200 标立方米/小时；重整脱戊烷塔降压后燃料气同比减少 350 标立方米/小时；全厂加热炉氧含量控制 1.0%～2.0%，提高炉效率 0.3%左右，全厂加热炉达到 93%以上。

（二）回收中低温余热

回收炼油装置油品换热、发生蒸汽难以利用的中、低温热量。汽轮机凝结水 100%回收，工艺凝结水 80%以上回收。采用溴化锂吸收式制冷技术，利用余热回收站提供的 95℃/75℃热水，制取 7℃/12℃冷水，作为集中空调系统和工艺装置的冷源。

二、赤峰云铜有色金属有限公司

赤峰云铜有色金属有限公司（以下简称赤峰云铜）是由 1997 年成立的赤峰金峰铜业有限公司（以下简称金峰铜业）与 2006 年成立的赤峰云铜有色金属有限公司于 2009 年年底重组而成，隶属于中国铝业股份有限公司旗下的云南铜业股份有限公司（以下简称云南铜业）控股的混合所有制企业。赤峰云铜采用铜精矿冶炼工艺生产阴极铜，设计产能 40 万吨/年。2021 年，铜精矿冶炼工艺生产阴极铜 42.92 万吨，单位产品综合能耗为 213.22 千克标准煤/吨，比能效标杆水平提升 17.99%。赤峰云铜的主要做法如下。

（一）自主研发并应用铜冶炼新技术

研发并应用金峰双侧吹熔池熔炼技术。研发粗铜连续吹炼技术，将 PS 转炉吹炼的造渣期和造铜期两个反应过程分置在双侧吹造渣炉和顶吹造铜炉内连续进行，实现粗铜吹炼过程的连续化。研发双炉连续炼铜技术，解决铜冶炼生产吹炼工序中存在的含硫烟气无组织逸散和难收集难题，实现铜精矿冶炼生产粗铜的清洁、高效、连续化作业。

（二）回收余热用于蒸汽拖动、余热发电

在侧吹熔炼炉、多枪顶吹吹炼炉设置余热锅炉，回收高温烟气的热量，产出中压饱和蒸汽，再经转化工序的过热器过热，过热后的中压过热蒸汽直接用于拖动制氧站 1 台 18000 千瓦深冷制氧压缩机、硫酸工段 2 台 3500 千瓦二氧化硫风机、2 台 1800 千瓦配气风机，2021 年产中压饱和蒸汽约 98.65 万吨，其中直接用于拖动设备的蒸汽为 74.51 万吨，余热发电 6369 万千瓦时。制酸干吸工序设置低温热回收装置，产生的低压饱和蒸汽一部分进入低压饱和蒸汽管网供全厂使用，一部分经转化工序低压蒸汽过热器过热后用于余热发电，2021 年产低压饱和蒸汽约 81 万吨，余热发电 14035 万千瓦时，占全厂用电量的 25%。

第十三章

2022 年东北部地区工业节能减排进展

2022 年，东北地区遭遇了新冠疫情和产业转移升级的双重挑战，经济增长进一步趋缓，其中吉林省 GDP 实际增长率甚至出现负增长，工业增加值占地区生产总值的比重进一步降低，工业发展疲软态势未出现根本性转变，但工业绿色发展保持较好态势。

第一节　总体情况

一、能源生产与消费情况

《辽宁统计年鉴 2022》发布的数据，2022 年辽宁省能源生产比 2021 年增长 7.1%，能源生产弹性系数为 1.2%，电力生产比 2021 年增长 5.7%，电力生产弹性系数为 1%；一次能源生产量为 5826.3 万吨标准煤，其中煤炭占比为 32.5%、石油占比 25.8%、天然气占比 1.8%、一次电力及其他能源占比 39.8%。2022 年全年能源消费量为 24930.8 万吨标准煤，比 2021 年增长 0.3%，其中煤炭占比为 52.3%、石油占比 29.3%、天然气占比 4.4%、一次电力及其他能源占比 14.1%。按行业分主要能源品种消费量来看，制造业是能源消费最大的行业之一，其中消费煤炭 7866.1 万吨、焦炭 3396.3 万吨、原油 10399.7 万吨、汽油 8.1 万吨、煤油 8.9 万吨、柴油 33.4 万吨、燃料油 60.0 万吨、天然气 47.0 亿立方米、电力 1356.0 亿千瓦时。

《吉林统计年鉴 2022》发布的数据，2022 年吉林省一次能源生产量为 2509.8 万吨标准煤，其中煤炭占比为 20.8%、石油占比 23.6%、天然气占比为 11.3%、一次电力及其他能源占比 33.3%。2022 年全年能源消费量为 7287.6 万吨标准煤，其中煤炭占比为 66.5%、石油占比 19.2%、天然气占比为 6.5%、一次电力及其他能源占比为 11.5%。按行业分主要能源品种消费量来看，制造业是能源消费最大的行业之一，其中消费煤炭 1518.6 万吨、焦炭 674.1 万吨、原油 824.1 万吨、汽油 3.6 万吨、柴油 9.7 万吨、燃料油 25.6 万吨、天然气 10.42 亿立方米、电力 242.9 亿千瓦时。

《黑龙江统计年鉴 2022》发布的数据，2022 年黑龙江省一次能源生产量为 9854.1 万吨标准煤，比 2021 年增长 1.58%，能源生产弹性系数为 0.26%。2022 年全年能源消费量为 12191.6 万吨标准煤，比 2021 年增长 5.78%，能源消费弹性系数为 0.95%，其中工业能源消费量为 6754.8 万吨标准煤。全省单位地区生产总值能耗比 2021 年下降 1.7%。

二、主要污染物减排情况

根据《2022 年辽宁省生态环境状况公报》的数据，2022 年辽宁省全年生态环境质量持续向好，城市环境空气质量和河流水质均达到有监测记录以来最好水平。城市环境空气质量连续两年全面达标，全省城市环境空气中 6 项污染物浓度持续改善，其中二氧化硫、二氧化氮和一氧化碳浓度达到国家一级标准，细颗粒物（PM2.5）、可吸入颗粒物（PM10）和臭氧到达国家二级标准。与 2021 年相比，PM2.5 年均浓度为 31 微克/立方米，下降了 11.4%；PM10 年均浓度为 53 微克/立方米，下降了 11.7%；二氧化硫年均浓度为 13 微克/立方米，下降了 7.1%；二氧化氮年均浓度为 25 微克/立方米，下降了 3.8%；一氧化碳日均浓度为 1.4 微克/立方米，下降了 6.7%；臭氧日最大 8 小时浓度为 141 微克/立方米，上升了 7.6%。优良天数为 329 天，优良天数比例为 90.0%，同比上升 2.1 个百分点；空气质量综合指数为 3.69，同比改善 6.3%。2022 年，全省 150 个地表水国家考核断面中，年均水质达到或优于Ⅲ类标准的断面比例为 88.7%，同比上升 5.4 个百分点；无劣Ⅴ类断面，同比持平。全省 56 个县级以上城市集中式饮用水水源地水质整体保持良好，水质达标率为 100%。

根据《2022 年吉林省生态环境状况公报》的数据，2022 年吉林省大气环境质量持续提升，水环境质量稳步提高。全省城市环境空气质量 6 项污染物浓度持续改善，可吸入颗粒物（PM10）、细颗粒物（PM2.5）、二氧化硫、二氧化氮、一氧化碳 5 项污染物平均浓度均达到 2015 年以来最好水平。与 2021 年相比，PM2.5 年均浓度为 25 微克/立方米，下降了 3.8%；PM10 年均浓度为 45 微克/立方米，下降了 4.3%；二氧化硫年均浓度为 10 微克/立方米，下降了 9.1%；

二氧化氮年均浓度为20微克/立方米,下降了4.8%;一氧化碳日均浓度为1.0微克/立方米,下降了9.1%;臭氧日最大8小时浓度为121微克/立方米,上升4.3%。全省地级及以上城市优良天数比例为93.4%,高于全国平均水平6.9%,稳定保持在全国第一方阵,位列全国第九,同比上升3个位次。2022年,在全省110个国家地表水考核断面中,Ⅰ~Ⅲ类水质断面有90个,占比为81.8%,同比上升4.3个百分点;Ⅳ类水质断面有16个,占比为14.5%,同比下降0.8个百分点;Ⅴ类水质断面有2个,占比为1.8%,同比下降2.7个百分点;劣Ⅴ类水质断面有2个,占比为1.8%,同比下降0.9个百分点。

根据《2022年黑龙江省生态环境状况公报》的数据,2022年黑龙江省城市环境空气质量6项污染物浓度持续改善,与2021年相比,PM2.5年均浓度为24微克/立方米,PM10年均浓度为38微克/立方米,二氧化硫年均浓度为8微克/立方米,二氧化氮年均浓度为16微克/立方米,一氧化碳日均浓度为0.9微克/立方米,臭氧日最大8小时浓度为103微克/立方米。2022年,黑龙江省平均优良天数比例为95.9%,各省市优良天数比例范围为84.9%~99.5%。2022年,在全省205个地表水国控、省控地表水断面中,总体水质达到或优于Ⅲ类标准的断面比例为65.9%,同比上升9.4个百分点;劣Ⅴ类水质比例为1.5%,同比上升0.4个百分点。

三、碳排放达峰方案

2022年9月,辽宁省人民政府发布《辽宁省碳达峰实施方案》,方案中提出:"到2025年,非化石能源消费比重达到13.7%左右,单位地区生产总值能源消耗比2020年下降14.5%,能源消费总量得到合理控制,单位地区生产总值二氧化碳排放比2020年下降率确保完成国家下达指标。重点领域和重点行业二氧化碳排放增量逐步得到控制,为实现碳达峰目标奠定坚实基础。"还提出:"到2030年,非化石能源消费比重达到20%左右,单位地区生产总值二氧化碳排放比2005年下降率达到国家要求,并实现碳达峰目标。"为实现上述目标,《辽宁省碳达峰实施方案》提出推进能源绿色低碳转型、实施工业领域碳达峰、推动城乡建设碳达峰、加快交通运输绿色低碳转型、推进节能降碳提升能效、推动循环经济助力降碳、强化绿色低碳创新支撑、巩固提升碳汇能力、开展绿色低碳全民行动、统筹有序推进碳达峰十大任务。

2022年7月,吉林省人民政府发布《吉林省碳达峰实施方案》,方案中提出："到 2025 年，非化石能源消费比重达到 17.7%，单位地区生产总值能源消耗和单位地区生产总值二氧化碳排放确保完成国家下达目标任务，为 2030 年前碳达峰奠定坚实基础。"还提出："到 2030 年，非化石能源消费比重达到 20% 左右，单位地区生产总值二氧化碳排放比 2005 年下降 65% 以上，确保 2030 年前实现碳达峰。"为实现上述目标，《吉林省碳达峰实施方案》提出推进能源绿色低碳转型行动、节能降碳增效行动、工业领域碳达峰行动、城乡建设碳达峰行动、交通运输绿色低碳行动、循环经济助力降碳行动、绿色低碳科技创新行动、碳汇能力巩固提升行动、绿色低碳全民行动、统筹各地区梯次达峰行动十大任务，并强调通过开展绿色经贸、技术合作，融入国家绿色"一带一路"建设，加强绿色低碳区域合作。

2022 年 9 月，黑龙江省人民政府发布《黑龙江省碳达峰实施方案》，方案中提出："到 2025 年，非化石能源消费比重提高至 15% 左右，单位地区生产总值能源消耗和二氧化碳排放下降确保完成国家下达目标。"还提出："到 2030 年，在非化石能源消费比重达到 20% 以上的基础上，努力缩小与全国平均水平的差距，新增能源需求主要通过非化石能源满足，单位 GDP 能耗和单位 GDP 二氧化碳排放大幅下降，顺利实现 2030 年前碳达峰目标。"为实现上述目标，《黑龙江省碳达峰实施方案》提出能源绿色低碳转型行动、节能降碳增效行动、工业行业碳达峰行动、城乡建设碳达峰行动、交通运输绿色低碳行动、农业低碳循环行动、循环经济助力减污降碳行动、减碳科技创新行动、生态系统碳汇巩固提升行动、绿色低碳全民行动。

第二节　结构调整

按照《辽宁省 2022 年国民经济和社会发展统计公报》，2022 年辽宁省全年地区生产总值为 28975.1 亿元，比 2021 年增长 2.1%。其中，第一产业增加值为 2597.6 亿元，增长 2.8%；第二产业增加值为 11755.8 亿元，下降 0.1%；第三产业增加值为 14621.7 亿元，增长 3.4%。全年人均地区生产总值为 68775 元，比 2021 年增长 2.8%。分经济类型看，全年规模以上国有控股企业增加值比 2021 年下降 1.5%；股份制企业增加值下降 2.6%，外商及港澳台商投资企业增加值增长 1.4%；私营企业增加值下降 4.2%。分门类看，全年规模以上采矿业增加值比 2021 年下降 3.3%，制造业增加值下降 1.8%，电力、热力、燃气及水生产和供应业增加值增长 3.7%。分行业看，全年规模以上装备制造业增加值比 2021 年增长 2.2%，占规模以上工业增加值的比重为 27.2%。其中，计算机、通信和其他电子设备制造业增加值增长 28.5%，铁路、船舶、航空航天和其他运输设备制造业增加值增长 7.5%，专用设备制造业增加值增长 6.8%，通用设备制造业增加值增长 4.4%，汽车制造业增加值持平。全年石化工业增加值比 2021 年下降 3.5%，占规模以上工业增加值的比重为 33.6%。其中，化学原料和化学制品制造业增加值增长 10.3%，石油、煤炭及其他燃料加工业增加值下降 10.9%。全年冶金工业增加值比 2021 年下降 6.8%，占规模以上工业增加值的比重为 14.5%。其中，黑色金属矿采选业增加值下降 4.6%，黑色金属冶炼和压延加工业增加值下降 7.4%。全年农产品加工业增加值比 2021 年下降 2.3%，占规模以上工业增加值的比重为 7.9%。其中，烟草制品业增加值增长 10.6%，农副食品加工业增加值下降 0.1%，食品制造业增加值下降 4.3%。

按照《吉林省 2022 年国民经济和社会发展统计公报》，2022 年吉林省实现地区生产总值为 13070.24 亿元，按可比价格计算，比 2021 年下降 1.9%。其中，第一产业增加值为 1689.10 亿元，同比增长 4.0%；第二产业增加值为 4628.30 亿元，同比下降 5.1%；第三产业增加值为 6752.84 亿元，同比下降 1.2%。全年全省全部工业增加值为 3737.90 亿元，比 2021 年下降 5.6%。规模以上工业增加值下降 6.4%。全年全省规模以上工业中，汽车制造、石油化工、食品、信息、医药、冶金建材、电力生产、纺织 8 个重点产业增加值比 2021 年下降 6.5%，石油、煤炭及其他燃料加工业，化学原料和化学制品制造业，非金属矿物制品业，黑色金属冶炼和压延加工业，有色金属冶炼和压延加工业，电力、热力生产和供应业六大高耗能行业增加值下降 0.4%，高技术制造业增加值增长 1.9%，装备制造业增加值下降 2.7%。

按照《2022 年黑龙江省国民经济和社会发展统计公报》，2022 年黑龙江省实现地区生产总值为 159101.0 亿元，按不变价格计算，比 2021 年增长 2.7%。从三次产业增加值看，第一产业增加值为 3609.9 亿元，增长 2.4%；第二产业增加值为 4648.9 亿元，增长 0.9%；第三产业增加值为 7642.2 亿元，增长 3.8%。三次产业结构为 22.7∶29.2∶48.1。全省规模以上工业企业 4322 个，比 2021 年增长 10.6%。全省规模以上工业增加值增长 0.8%。从重点行业看，装备工业增长 5.5%，石化工业增长 7.3%，能源工业增长 2.2%，食品工业增长 2.9%。

从产品产量看，在重点监测的工业产品中，增长较快的有工业机器人 3106 套，增长 16.7 倍；金属切削机床 2299 台，增长 1.2 倍；饲料添加剂 138.2 万吨，增长 44.0%；金属轧制设备 12.0 万吨，增长 42.6%；铁路货车 11037 辆，增长 34.1%；电站用汽轮机 1020.5 万千瓦，增长 30.9%；电工仪器仪表 283.7 万台，增长 20.9%；亚麻布 4798 万米，增长 20.3%；汽车 82627 辆，增长 8.6%。

第三节 技术进步

一、膜分离技术的在制氢、捕碳领域的研究进展

面对能源紧缺和温室效应等严峻问题，低能耗、低碳排放量的膜分离技术在氢气制备与纯化、二氧化碳捕获等重要工业气体分离领域能够大幅降低能源消耗，具有显著的经济效益、社会效益和环境效益，是我国实现碳达峰碳中和目标的重要关键技术。这一技术链条包括膜材料规模化制备、膜规模化制备、膜组件研制、膜分离工艺及装置设计建造等各个环节。其中，MOF 基分离膜技术由于结构多样、规整孔道、高孔隙率及丰富表面化学性质等优势展现了巨大的应用潜力，有望成为新一代理想分离膜材料。2022 年，中国科学院大连化学物理研究所通过设计一种简便的原位生长结合限域界面聚合制备的新策略，提出了软-固态型无缺陷金属-有机框架复合分离膜新概念，实现了尺寸差异极小的 H_2/CO_2 高精度分离，具有广阔的应用前景。

二、超低温风力发电技术

超低温环境对于风电机组的影响非常大，在东北地区，一些极端的最低气温达到零下 40℃以下，这时往往也是一年当中风速最高的时候，但风力发电机组设计最低运行气温通常在零下 20℃以上，一旦超过这一温度，叶片部件的复合材料在低温下其机械特性就会发生变化，振动会导致其结构破坏，叶片结冰会影响叶片上的气动特性，输出难以达到匹配功率。齿轮箱里面的油脂会因为气温低而变得黏稠，部件润滑效率降低，轻则导致散热效果不佳、故障停机，重则导致齿轮和轴承机械性损坏。加快超低温环境风力发电技术的研发，研发超低温钢材、叶片、齿轮、传感器、控制柜、润滑油等技术对开发东北地区风力发电潜力意义重大。

第四节　重点用能企业节能减排管理

一、吉林省金派格药业有限责任公司

吉林省金派格药业有限责任公司于 2018 年 3 月 12 日成立，位于吉林省延边朝鲜族自治州敦化市经济开发区工业区，是专业化聚乙二醇原料、衍生物产品研发及生产型科技公司，也是长春金赛药业有限责任公司的全资子公司。公司规划占地面积为 28 万平方米，按照国家 cGMP（current Good Manufacture Practices，动态药品生产管理规范）标准建立了规模庞大、设施一流、配套完善、功能齐全的产品生产车间和检测中心，拥有集研发、质量检测、控制于一体的综合平台。2022 年，企业被评为国家级绿色工厂，其绿色发展的主要措施包括以下几个方面。

（一）坚持绿色发展理念

公司从创建之初，就坚持绿色发展作为企业发展的主要理念，在企业三期项目建设中，始终高度重视和强调绿色和可持续性，工厂建设实行用地集约化、原料无害化、生产洁净化、废物资源化与能源低碳化。

（二）大规模使用可再生能源

企业把国家的碳达峰碳中和目标作为企业发展的重要机遇，积极践行绿色发展社会责任，先后将环保信息公开，对温室气体进行核查，积极采用可再生能源，优化企业的用能结构，实现了将厂区综合能耗占比高达 74% 的能源替代为可再生能源。

（三）重视企业数字化转型

企业把数字化作为绿色化发展的重要手段，强化企业能源管理数字化转型，引进 ABB 智慧电能监控管理中心，有效对企业用电负荷进行实时管控，亦能使能源使用规范化。

（四）重视管理体系建设

企业把管理体系建设作为绿色发展的重要制度支撑，针对用能异常点提出

针对性措施。企业不断完善和健全质量管理体系，积极推进能源管理体系建设，全面加强环境管理，做好环保治理、建设生态环境等方面的工作。

二、佳木斯电机股份有限公司

佳木斯电机股份有限公司隶属于哈尔滨电气集团有限公司，有 80 余年研制生产电动机的历史，是我国大中型、特种电机的创始厂和主导厂，研制了我国第一台防爆电机、第一台起重冶金电机、第一台屏蔽电机、第一台局部扇风机和第一台正压型防爆电机。其"飞球"牌电机应用于石油、化工、煤炭、钢铁、冶金、交通、电力、航天等诸多领域，产品远销 40 多个国家和地区。公司先后承担了多项国家及省部级科研计划，研发的产品曾多次获得国家及省部级科技进步奖。拥有的"国家防爆电机工程技术研究中心"，在我国防爆领域具有核心主导地位，引领行业发展方向。2021 年，佳木斯电机股份有限公司被评为国家级绿色工厂，其绿色发展的主要措施如下。

（一）强化企业战略层的绿色发展理念

公司遵循"企业发展，环保先行"的发展理念，致力于建设环境友好型企业，在减震降噪、污染治理和绿色可持续发展方面不断践行。

（二）加强绿色产品研发设计

遵循绿色、节能、低碳、降耗等产品设计开发理念。例如低压电机采用同心式绕组、正弦绕组、转子闭口槽等低损耗技术，使得端部长减少 5%，谐波损耗降低 30%，电机性能达到最优；高压定子采用外装压结构及新型减薄绝缘工艺，降低铜耗 16%，提高电机效率和 2～3 个功率等级；铸铁改铸铝接线盒通过等轻量化设计，节约原辅材料 15%。

（三）积极推动生产工艺数字化转型

通过生产工艺数字化转型提高产品质量，提升生产效率，提高资源可回收率，改善作业环境。2020 年，公司完成"数字化（智能）车间"建设，顺利通过黑龙江省工业和信息化厅的验收，成为行业内首家拥有机座加工自动线的厂家，示范效应明显。

（四）全面加强能源管理

制定企业节能目标，监督各项指标的分解和落实，定期统计分析、核算企业的能耗情况，淘汰落后的耗能设备，做好节能新技术的推广应用。积极推进能源管理体系建设，取缔燃煤锅炉，更新为生物质锅炉，2020年较2016年产品产量增加35.3%，年度能源消费总量反而下降9.2%。

（五）高度重视环境保护

锅炉除尘系统采用行业先进的布袋除尘系统，实施电焊烟尘治理项目，实现烟尘"零排放"，减少污染；车间增加活性炭吸附装置，降低烟（气）排放；提高冲槽生产线自动化程度，减少生产噪声；公司污水全部通过污水处理系统处理达标后进入市政管网。

第十四章

2022 年中国工业绿色发展政策环境

2022 年,在经济形势下行趋势下,工业领域坚持完整、准确、全面贯彻新发展理念,围绕工业绿色发展和"双碳"工作,通过产业、技术和财税金融政策支持,不断推动经济高质量发展。

第一节　结构调整政策

一、工业领域碳达峰实施方案

2022 年 7 月 7 日,中华人民共和国工业和信息化部、中华人民共和国国家发展和改革委员会、中华人民共和国生态环境部联合发布《工业领域碳达峰实施方案》,对我国工业领域碳达峰的总体思路、主要目标、重点任务和重大行动做出安排部署。

总体思路强调"坚持稳中求进工作总基调,立足新发展阶段,完整、准确、全面贯彻新发展理念,构建新发展格局,坚定不移实施制造强国和网络强国战略,锚定碳达峰碳中和目标愿景,坚持系统观念,统筹处理好工业发展和减排、整体和局部、长远目标和短期目标、政府和市场的关系,以深化供给侧结构性改革为主线,以重点行业达峰为突破,着力构建绿色制造体系,提高资源能源利用效率,推动数字化智能化绿色化融合,扩大绿色低碳产品供给,加快制造业绿色低碳转型和高质量发展。"

主要目标包括"到 2025 年,规模以上工业单位增加值能耗较 2020 年下降 13.5%,单位工业增加值二氧化碳排放下降幅度大于全社会下降幅度,重点行业二氧化碳排放强度明显下降。'十五五'期间,产业结构布局进一步优化,工业能耗强度、二氧化碳排放强度持续下降,努力达峰削峰,在实现工业领域碳达峰的基础上强化碳中和能力，基本建立以高效、绿色、循环、低碳为重要特征的现代工业体系，确保工业领域二氧化碳排放在2030年前达峰。"

重点任务包括深度调整产业结构，推动产业结构优化升级，坚决遏制高耗能高排放低水平项目盲目发展，大力发展绿色低碳产业；深入推进节能降碳，把节能提效作为满足能源消费增长的最优先来源，大幅提升重点行业能源利用效率和重点产品能效水平，推进用能低碳化、智慧化、系统化；积极推行绿色制造，完善绿色制造体系，深入推进清洁生产，打造绿色低碳工厂、绿色低碳工业园区、绿色低碳供应链，通过典型示范带动生产模式绿色转型；大力发展循环经济，优化资源配置结构，充分发挥节约资源和降碳的协同作用，通过资源高效循环利用降低工业领域碳排放；加快工业绿色低碳技术变革，推进重大低碳技术、工艺、装备创新突破和改造应用，以技术工艺革新、生产流程再造促进工业减碳去碳；主动推进工业领域数字化转型，推动数字赋能工业绿色低碳转型，强化企业需求和信息服务供给对接，加快数字化低碳解决方案应用推广。

重大行动包括重点行业达峰行动和绿色低碳产品供给提升行动。前者聚焦重点行业，制定钢铁、建材、石化化工、有色金属等行业碳达峰实施方案，研究消费品、装备制造、电子等行业低碳发展路线图，分业施策、持续推进，降低碳排放强度，控制碳排放量。后者发挥绿色低碳产品装备在碳达峰碳中和工作中的支撑作用，完善设计开发推广机制，为能源生产、交通运输、城乡建设等领域提供高质量产品装备，打造绿色低碳产品供给体系，助力全社会达峰。

二、建材行业碳达峰实施方案

2022年11月2日，中华人民共和国工业和信息化部、中华人民共和国国家发展和改革委员会、中华人民共和国生态环境部、中华人民共和国住房和城乡建设部联合发布《建材行业碳达峰实施方案》，对我国建材行业碳达峰工作的总体思路、主要目标、重点任务做出安排部署。

总体思路强调"围绕建材行业碳达峰总体目标，以深化供给侧结构性改革为主线，以总量控制为基础，以提升资源综合利用水平为关键，以低碳技术创新为动力，全面提升建材行业绿色低碳发展水平，确保如期实现碳达峰。

主要目标提出："'十四五'期间，建材产业结构调整取得明显进展，行业节能低碳技术持续推广，水泥、玻璃、陶瓷等重点产品单位能耗、碳排放强度不断下降，水泥熟料单位产品综合能耗水平降低 3%以上。'十五五'期间，建材行业绿色低碳关键技术产业化实现重大突破，原燃料替代水平大幅提高，基本建立绿色低碳循环发展的产业体系。确保 2030 年前建材行业实现碳达峰。"

重点任务包括强化总量控制，引导低效产能退出，防范过剩产能新增，完善水泥错峰生产；推动原料替代，逐步减少碳酸盐用量，加快提升固废利用水平，推动建材产品减量化使用；转换用能结构，加大替代燃料利用，加快清洁绿色能源应用，提高能源利用效率水平；加快技术创新，加快研发重大关键低碳技术，加快推广节能降碳技术装备，以数字化转型促进行业节能降碳；推进绿色制造，构建高效清洁生产体系，构建绿色建材产品体系，加快绿色建材生产和使用。

三、有色金属行业碳达峰实施方案

2022 年 11 月 10 日，中华人民共和国工业和信息化部、中华人民共和国国家发展和改革委员会、中华人民共和国生态环境部联合发布《有色金属行业碳达峰实施方案》，对我国有色金属行业碳达峰工作的总体思路、主要目标、重点任务做出安排部署。

总体思路强调"围绕有色金属行业碳达峰总体目标，以深化供给侧结构性改革为主线，以优化冶炼产能规模、调整优化产业结构、强化技术节能降碳、推进清洁能源替代、建设绿色制造体系为着力点，提高全产业链减污降碳协同效能，加快构建绿色低碳发展格局，确保如期实现碳达峰目标。"

主要目标提出："'十四五'期间，有色金属产业结构、用能结构明显优化，低碳工艺研发应用取得重要进展，重点品种单位产品能耗、碳排放强度进一步降低，再生金属供应占比达到 24%以上。'十五五'期间，有色金属行业用能结构大幅改善，电解铝使用可再生能源比例达到 30%以上，绿色低碳、循环发展的产业体系基本建立。确保 2030 年前有色金属行业实现碳达峰。"

重点任务包括优化冶炼产能规模，巩固化解电解铝过剩产能成果，防范重点品种冶炼产能无序扩张，提高行业准入门槛；调整优化产业结构，引导行业高效集约发展，强化产业协同耦合，加快低效产能退出；强化技术节能降碳，加强关键技术攻关，推广绿色低碳技术；推进清洁能源替代，控制化石能源消费，鼓励消纳可再生能源；建设绿色制造体系，发展再生金属产业，构建绿色清洁生产体系，加快产业数字化转型。

四、深入推进黄河流域工业绿色发展的指导意见

为贯彻落实习近平总书记关于推动黄河流域生态保护和高质量发展的重要讲话和指示批示精神，2022 年 12 月 12 日，中华人民共和国工业和信息化部、中华人民共和国国家发展和改革委员会、中华人民共和国住房和城乡建设部、中华人民共和国水利部联合发布《工业和信息化部　国家发展改革委　住房城乡建设部　水利部关于深入推进黄河流域工业绿色发展的指导意见》，对深入推进黄河流域工业绿色发展的总体思路、主要目标、重点任务做出安排部署。

总体思路强调"立足黄河流域不同地区自然条件、资源禀赋和产业优势，按照共同抓好大保护、协同推进大治理要求，加快工业布局优化和结构调整，强化技术创新和政策支持，推动传统制造业改造升级，提高资源能源利用效率和清洁生产水平，构建高效、可持续的黄河流域工业绿色发展新格局。

主要目标提出："到 2025 年，黄河流域工业绿色发展水平明显提升，产业结构和布局更加合理，城镇人口密集区危险化学品生产企业搬迁改造全面完成，传统制造业能耗、水耗、碳排放强度显著下降，工业废水循环利用、固体废物综合利用、清洁生产水平和产业数字化水平进一步提高，绿色低碳技术装备广泛应用，绿色制造水平全面提升。"

重点任务包括推动产业结构布局调整，促进产业优化升级，构建适水产业布局，大力发展先进制造业和战略性新兴产业；推动水资源集约化利用，推进重点行业水效提升，加强工业水效示范引领，优化工业用水结构；推动能源消费低碳化转型，推进重点行业能效提升，实施降碳技术改造升级，推进清洁能源高效利用；推动传统制造业绿色化提升，推进绿色制造体系建设，加强工业固废等综合利用，提高环保装备供给能力；推动产业数字化升级，加强新型基础设施建设，推动数字化智能化绿色化融合。

第二节　绿色发展技术政策

一、建设完善绿色标准体系

（一）工业节能相关标准

2022 年，我国发布工业节能节水相关国家标准 5 项，包括风机机组与管网系统节能监测、乘用车循环外技术/装置节能效果评价方法　第 1 部：换挡提

醒装置、再制造 节能减排评价指标及计算方法等，如表 14-1 所示。

表 14-1 2022 年工业节能节水相关国家标准

序号	标准号	标准名称
1	GB/T 15913—2022	《风机机组与管网系统节能监测》
2	GB/T 40711.1—2022	《乘用车循环外技术/装置节能效果评价方法 第 1 部分：换挡提醒装置》
3	GB/T 41350—2022	《再制造 节能减排评价指标及计算方法》
4	GB/T 41863—2022	《非接触式给水器具 节水性能通用技术条件》
5	GB/T 19812.6—2022	《塑料节水灌溉器材 第 6 部分：输水用聚乙烯（PE）管材》

数据来源：中国国家标准化管理委员会，2022 年 12 月

（二）能效标准

2022 年，我国发布了 7 项工业产品能效相关国家标准，如表 14-2 所示。

表 14-2 2022 年工业产品能效相关国家标准

序号	标准号	标准名称
1	GB 17896—2022	《普通照明用气体放电灯用镇流器能效限定值及能效等级》
2	GB 19044—2022	《普通照明用荧光灯能效限定值及能效等级》
3	GB 32030—2022	《潜水电泵能效限定值及能效等级》
4	GB 21518—2022	《交流接触器能效限定值及能效等级》
5	GB/T 41571—2022	《工业自动化能效诊断方法》
6	GB/T 41252—2022	《离散制造能效评估方法》
7	GB/T 41258—2022	《离散制造能效数据模型》

数据来源：中国国家标准化管理委员会，2022 年 12 月

（三）绿色工厂评价标准

截至 2022 年，我国已发布钢铁、化工、有色、建材、轻工、纺织、电子、通信 8 个行业各类绿色工厂评价标准 41 项，如表 14-3 所示。

表 14-3 绿色工厂评价标准

序号	标准号	标准名称	行业
1	YB/T 4916—2021	《焦化行业绿色工厂评价导则》	钢铁
2	HG/T 5677—2020	《石油炼制行业绿色工厂评价要求》	化工
3	HG/T 5892—2021	《尿素行业绿色工厂评价要求》	化工

续表

序号	标准号	标准名称	行业
4	HG/T 5865—2021	《烧碱行业绿色工厂评价要求》	化工
5	HG/T 5891—2021	《煤制烯烃行业绿色工厂评价要求》	化工
6	HG/T 5866—2021	《精对苯二甲酸行业绿色工厂评价要求》	化工
7	HG/T 5984—2021	《钛白粉行业绿色工厂评价要求》	化工
8	HG/T 5900—2021	《黄磷行业绿色工厂评价要求》	化工
9	HG/T 5908—2021	《异氰酸酯行业绿色工厂评价要求》	化工
10	HG/T 5902—2021	《化学制药行业绿色工厂评价要求》	化工
11	HG/T 5991—2021	《聚碳酸酯行业绿色工厂评价要求》	化工
12	HG/T 5986—2021	《涂料行业绿色工厂评价要求》	化工
13	HG/T 5987—2021	《硫酸行业绿色工厂评价要求》	化工
14	HG/T 5974—2021	《碳酸钠（纯碱）行业绿色工厂评价要求》	化工
15	HG/T 5973—2021	《二氧化碳行业绿色工厂评价要求》	化工
16	YS/T 1407—2021	《铜冶炼行业绿色工厂评价要求》	有色
17	YS/T 1408—2021	《锌冶炼行业绿色工厂评价要求》	有色
18	YS/T 1406—2021	《铅冶炼行业绿色工厂评价要求》	有色
19	YS/T 1419—2021	《电解铝行业绿色工厂评价要求》	有色
20	YS/T 1430—2021	《钴冶炼行业绿色工厂评价要求》	有色
21	YS/T 1429—2021	《镍冶炼行业绿色工厂评价要求》	有色
22	YS/T 1427—2021	《锡冶炼行业绿色工厂评价要求》	有色
23	YS/T 1428—2021	《锑冶炼行业绿色工厂评价要求》	有色
24	JC/T 2634—2021	《水泥行业绿色工厂评价要求》	建材
25	JC/T 2635—2021	《玻璃行业绿色工厂评价要求》	建材
26	JC/T 2636—2021	《建筑陶瓷行业绿色工厂评价要求》	建材
27	JC/T 2640—2021	《耐火材料行业绿色工厂评价要求》	建材
28	JC/T 2637—2021	《水泥制品行业绿色工厂评价要求》	建材
29	JC/T 2616—2021	《预拌砂浆行业绿色工厂评价要求》	建材
30	JC/T 2638—2021	《石膏制品行业绿色工厂评价要求》	建材
31	JC/T 2641—2021	《砂石行业绿色工厂评价要求》	建材
32	JC/T 2639—2021	《绝热材料行业绿色工厂评价要求》	建材
33	QB/T 5572—2021	《制革行业绿色工厂评价导则》	轻工
34	QB/T 5575—2021	《制鞋行业绿色工厂评价导则》	轻工
35	QB/T 5598—2021	《人造革与合成革工业绿色工厂评价要求》	轻工
36	FZ/T 07006—2020	《丝绸行业绿色工厂评价要求》	纺织
37	FZ/T 07021—2021	《毛纺织行业绿色工厂评价要求》	纺织
38	FZ/T 07009—2020	《筒子纱智能染色绿色工厂评价要求》	纺织
39	FZ/T 07022—2021	《色纺纱行业绿色工厂评价要求》	纺织
40	SJ/T 11744—2019	《电子信息制造业绿色工厂评价导则》	电子
41	YD/T 3838—2021	《通信制造业绿色工厂评价细则》	通信

数据来源：工业和信息化部

（四）绿色产品评价标准

截至 2022 年，我国已发布石化、钢铁、有色、建材、机械、轻工、纺织、通信、包装 9 个行业各类绿色产品评价标准 161 项（见表 14-4）。

表 14-4 绿色产品评价标准

序号	标准号	标准名称
1	GB/T 32161—2015	《生态设计产品评价通则》
2	GB/T 32162—2015	《生态设计产品标识》
		石化行业
3	HG/T 5680—2020	《绿色设计产品评价技术规范 复混肥料（复合肥料）》
4	HG/T 5682—2020	《绿色设计产品评价技术规范 水性建筑涂料》
5	T/CPCIF 0030—2020	《绿色设计产品评价技术规范 喷滴灌肥料》
6	T/CPCIF 0040—2020	《绿色设计产品评价技术规范 液体分散染料》
7	T/CPCIF 0076—2020T/ CRIA 22010—2020	《绿色设计产品评价技术规范 轮胎模具》
8	HG/T 5860—2021	《绿色设计产品评价技术规范 聚氯乙烯树脂》
9	HG/T 5861—2021	《绿色设计产品评价技术规范 氯化聚氯乙烯树脂》
10	HG/T 5862—2021	《绿色设计产品评价技术规范 水性木器涂料》
11	HG/T 5863—2021	《绿色设计产品评价技术规范 鞋和箱包用胶粘剂》
12	HG/T 5864—2021	《绿色设计产品评价技术规范 汽车轮胎》
13	HG/T 5867—2021	《绿色设计产品评价技术规范 1，4-丁二醇》
14	HG/T 5868—2021	《绿色设计产品评价技术规范 聚四亚甲基醚二醇》
15	HG/T 5869—2021	《绿色设计产品评价技术规范 聚苯乙烯树脂》
16	HG/T 5870—2021	《绿色设计产品评价技术规范 聚对苯二甲酸丁二醇酯（PBT）树脂》
17	HG/T 5871—2021	《绿色设计产品评价技术规范 聚对苯二甲酸乙二醇酯（PET）树脂》
18	HG/T 5872—2021	《绿色设计产品评价技术规范 阴极电泳涂料》
19	HG/T 5873—2021	《绿色设计产品评价技术规范 金属氧化物混相颜料》
20	HG/T 5978—2021	《绿色设计产品评价技术规范 碳酸钠（纯碱）》
21	HG/T 5983—2021	《绿色设计产品评价技术规范 二氧化钛》
22	T/CPCIF 0084—2021	《绿色设计产品评价技术规范 家具用胶粘剂》
23	T/CPCIF 0085—2021	《绿色设计产品评价技术规范 建筑用胶粘剂》
24	T/CPCIF 0086—2021	《绿色设计产品评价技术规范 汽车内饰用胶粘剂》
25	T/CPCIF 0087—2021	《绿色设计产品评价技术规范 水基包装胶粘剂》
26	T/CPCIF 0089—2021T/ CNCIA 02009—2021	《绿色设计产品评价技术规范 氧化铁颜料》

序号	标准号	标准名称
27	T/CPCIF 0108—2021T/CISIA 0001—2021	《绿色设计产品评价技术规范 光学玻璃用硝酸钾》
28	T/CPCIF 0109—2021T/CISIA 0002—2021	《绿色设计产品评价技术规范 熔盐（硝基型）》
29	T/CPCIF 0155—2021	《绿色设计产品评价技术规范 电子电气用胶粘剂》
30	T/CPCIF 0156—2021	《绿色设计产品评价技术规范 卫生用品用胶粘剂》
31	T/CPCIF 0189—2022	《绿色设计产品评价技术规范 氯化聚乙烯》
钢铁行业		
32	T/CAGP 0026—2018T/CAB 0026—2018	《绿色设计产品评价技术规范 稀土钢》
33	T/CAGP 0027—2018T/CAB 0027—2018	《绿色设计产品评价技术规范 铁精矿（露天开采）》
34	T/CAGP 0028—2018T/CAB 0028—2018	《绿色设计产品评价技术规范 烧结钕铁硼永磁材料》
35	T/CISA 104—2018	《绿色设计产品评价技术规范 钢塑复合管》
36	T/CISA 105—2019	《绿色设计产品评价技术规范 五氧化二钒》
37	YB/T 4767—2019	《绿色设计产品评价技术规范 取向电工钢》
38	YB/T 4768—2019	《绿色设计产品评价技术规范 管线钢》
39	YB/T 4769—2019	《绿色设计产品评价技术规范 新能源汽车用无取向电工钢》
40	YB/T 4770—2019	《绿色设计产品评价技术规范 厨房厨具用不锈钢》
41	YB/T 4870—2020	《绿色设计产品评价技术规范 家具用免磷化钢板及钢带》
42	YB/T 4871—2020	《绿色设计产品评价技术规范 建筑用高强高耐蚀彩涂板》
43	YB/T 4872—2020	《绿色设计产品评价技术规范 耐候结构钢》
44	YB/T 4873—2020	《绿色设计产品评价技术规范 汽车用冷轧高强度钢板及钢带》
45	YB/T 4874—2020	《绿色设计产品评价技术规范 汽车用热轧高强度钢板及钢带》
46	YB/T 4875—2020	《绿色设计产品评价技术规范 桥梁用结构钢》
47	YB/T 4876—2020	《绿色设计产品评价技术规范 压力容器用钢板》
48	T/CISA 064—2020	《绿色设计产品评价技术规范 低中压流体输送和结构用电焊钢管》
49	YB/T 4901—2021	《绿色设计产品评价技术规范 铁道车辆用车轮》
50	YB/T 4902—2021	《绿色设计产品评价技术规范 钢筋混凝土用热轧带肋钢筋》
51	YB/T 4903—2021	《绿色设计产品评价技术规范 冷轧带肋钢筋》
52	YB/T 4904—2021	《绿色设计产品评价技术规范 锚杆用热轧带肋钢筋》
53	YB/T 4915—2021	《绿色设计产品评价技术规范 球墨铸铁管》
54	T/CISA 082—2021	《绿色设计产品评价技术规范 非调质冷镦钢热轧盘条》
55	T/CISA 083—2021	《绿色设计产品评价技术规范 预应力钢丝及钢绞线用热轧盘条》
56	T/CISA 084—2021	《绿色设计产品评价技术规范 不锈钢盘条》
57	T/CISA 085—2021	《绿色设计产品评价技术规范 弹簧钢丝用热轧盘条》

续表

序号	标准号	标准名称
有色行业		
58	T/CNIA 0004—2018	《绿色设计产品评价技术规范 锑锭》
59	T/CNIA 0005—2018	《绿色设计产品评价技术规范 稀土湿法冶炼分离产品》
60	T/CNIA 0021—2019	《绿色设计产品评价技术规范 多晶硅》
61	T/CNIA 0022—2019	《绿色设计产品评价技术规范 气相二氧化硅》
62	T/CNIA 0033—2019	《绿色设计产品评价技术规范 阴极铜》
63	T/CNIA 0034—2019	《绿色设计产品评价技术规范 电工用铜线坯》
64	T/CNIA 0035—2019	《绿色设计产品评价技术规范 铜精矿》
65	T/CNIA 0046—2020	《绿色设计产品评价技术规范 镍钴锰氢氧化物》
66	T/CNIA 0047—2020	《绿色设计产品评价技术规范 镍钴锰酸锂》
67	T/CNIA 0048—2020	《绿色设计产品评价技术规范 铅锭》
68	T/CNIA 0065—2020	《绿色设计产品评价技术规范 再生烧结钕铁硼永磁材料》
69	T/CNIA 0066—2020	《绿色设计产品评价技术规范 各向同性钕铁硼快淬磁粉》
70	T/CNIA 0072—2020	《绿色设计产品评价技术规范 氧氯化锆》
71	XB/T 804—2021	《绿色设计产品评价技术规范离子型稀土矿产品》
72	XB/T 805—2021	《绿色设计产品评价技术规范稀土火法冶炼产品》
73	T/CNIA 0075—2021	《绿色设计产品评价技术规范 电解铝》
74	T/CNIA 0076—2021	《绿色设计产品评价技术规范 精细氧化铝》
75	T/CNIA 0082—2021	《绿色设计产品评价技术规范 锡锭》
76	T/CNIA 0083—2021	《绿色设计产品评价技术规范 锌锭》
77	T/CNIA 0084—2021	《绿色设计产品评价技术规范 钛锭》
78	T/CNIA 0087—2021	《绿色设计产品评价技术规范 碳酸锂》
79	T/CNIA 0088—2021	《绿色设计产品评价技术规范 氢氧化锂》
80	T/CNIA 0095—2021	《绿色设计产品评价技术规范 硬质合金产品》
建材行业		
81	GB/T 32163.4—2015	《生态设计产品评价规范 第4部分：无机轻质板材》
82	JC/T 2642—2021	《绿色设计产品评价技术规范 水泥》
83	JC/T 2643—2021	《绿色设计产品评价技术规范 汽车玻璃》
84	T/CAGP 0010—2016T/CAB 0010—2016	《绿色设计产品评价技术规范 卫生陶瓷》
85	T/CAGP 0011—2016T/CAB 0011—2016	《绿色设计产品评价技术规范 木塑型材》
86	T/CAGP 0012—2016T/CAB 0012—2016	《绿色设计产品评价技术规范 砌块》
87	T/CAGP 0013—2016T/CAB 0013—2016	《绿色设计产品评价技术规范 陶瓷砖》
88	T/CBMF 124—2021	《绿色设计产品评价技术规范 纸面石膏板》

续表

序号	标准号	标准名称
89	T/CBMF 153—2021	《绿色设计产品评价技术规范 在线 Low-E 节能镀膜玻璃》
90	T/CBMF 159—2021	《绿色设计产品评价技术规范 陶瓷片密封水嘴》
		机械行业
91	T/CMIF 14—2017	《绿色设计产品评价技术规范 金属切削机床》
92	T/CMIF 15—2017	《绿色设计产品评价技术规范 装载机》
93	T/CMIF 16—2017	《绿色设计产品评价技术规范 内燃机》
94	T/CMIF 17—2017	《绿色设计产品评价技术规范 汽车产品 M1 类传统能源车》
95	T/CEEIA 296—2017	《绿色设计产品评价技术规范 电动工具》
96	T/CAGP 0031—2018T/ CAB 0031—2018	《绿色设计产品评价技术规范 核电用不锈钢仪表管》
97	T/CAGP 0032—2018T/ CAB 0032—2018	《绿色设计产品评价技术规范 盘管蒸汽发生器》
98	T/CAGP 0033—2018T/ CAB 0033—2018	《绿色设计产品评价技术规范 真空热水机组》
99	T/CAGP 0041—2018T/ CAB 0041—2018	《绿色设计产品评价技术规范 片式电子元器件用纸带》
100	T/CAGP 0042—2018T/ CAB 0042—2018	《绿色设计产品评价技术规范 滚筒洗衣机用无刷直流电动机》
101	T/CEEIA 334—2018	《绿色设计产品评价技术规范 家用及类似场所用过电流保护断路器》
102	T/CEEIA 335—2018	《绿色设计产品评价技术规范 塑料外壳式断路器》
103	T/CMIF 48—2019	《绿色设计产品评价技术规范 叉车》
104	T/CMIF 49—2019	《绿色设计产品评价技术规范 水轮机用不锈钢叶片铸件》
105	T/CMIF 50—2019	《绿色设计产品评价技术规范 中低速发动机用机体铸铁件》
106	T/CMIF 51—2019	《绿色设计产品评价技术规范 铸造用消失模涂料》
107	T/CMIF 52—2019	《绿色设计产品评价技术规范 柴油发动机》
108	T/CMIF 57—2019T/ CEEIA 387—2019	《绿色设计产品评价技术规范 直驱永磁风力发电机组》
109	T/CMIF 58—2019	《绿色设计产品评价技术规范 齿轮传动风力发电机组》
110	T/CMIF 59—2019	《绿色设计产品评价技术规范 再制造冶金机械零部件》
111	T/CEEIA 374—2019	《绿色设计产品评价技术规范 家用和类似用途插头插座》
112	T/CEEIA 375—2019	《绿色设计产品评价技术规范 家用和类似用途固定式电气装置的开关》
113	T/CEEIA 376—2019	《绿色设计产品评价技术规范 家用和类似用途器具耦合器》
114	T/CEEIA 380—2019	《绿色设计产品评价技术规范 小功率电动机》
115	T/CEEIA 410—2019	《绿色设计产品评价技术规范 交流电动机》
116	T/CMIF 64—2020	《绿色设计产品评价技术规范 办公设备用静电成像干式墨粉》

续表

序号	标准号	标准名称
117	T/CMIF 120—2020	《绿色设计产品评价技术规范 一般用途轴流通风机》
118	T/CMIF 138—2021	《绿色设计产品评价技术规范 塔式起重机》
119	T/CMIF 139—2021	《绿色设计产品评价技术规范 液压挖掘机》
120	T/CMIF 157—2022	《绿色设计产品评价技术规范 一般用喷油回转空气压缩机》
轻工行业		
121	GB/T 32163.1—2015	《生态设计产品评价规范 第1部分：家用洗涤剂》
122	GB/T 32163.2—2015	《生态设计产品评价规范 第2部分：可降解塑料》
123	T/CAGP 0020—2017T/CAB 0020—2017	《绿色设计产品评价技术规范 生活用纸》
124	T/CAGP 0023—2017T/CAB 0023—2017	《绿色设计产品评价技术规范 标牌》
125	T/CNLIC 0002—2019	《绿色设计产品评价技术规范 水性和无溶剂人造革合成革》
126	T/CNLIC 0005—2019	《绿色设计产品评价技术规范 服装用皮革》
127	T/CNLIC 0006—2019T/CBFIA 04002—2019	《绿色设计产品评价技术规范 氨基酸》
128	T/CNLIC 0007—2019	《绿色设计产品评价技术规范 甘蔗糖制品》
129	T/CNLIC 0008—2019	《绿色设计产品评价技术规范 甜菜糖制品》
130	T/CNLIC 0010—2019	《绿色设计产品评价技术规范 包装用纸和纸板》
131	T/CNLIC 0017—2021	《绿色设计产品评价技术规范 家居用水性聚氨酯合成革》
132	T/CNLIC 0018—2021	《绿色设计产品评价技术规范 革用聚氨酯树脂》
133	T/CNLIC 0025—2021T/CBFIA 01002—2021	《绿色设计产品评价技术规范 酵母制品》
134	T/CNLIC 0061—2022	《绿色设计产品评价技术规范 手动牙刷》
135	T/CNLIC 0063—2022	《绿色设计产品评价技术规范 真空杯》
纺织行业		
136	T/CAGP 0030—2018T/CAB 0030—2018	《绿色设计产品评价技术规范 涤纶磨毛印染布》
137	T/CAGP 0034—2018T/CAB 0034—2018	《绿色设计产品评价技术规范 户外多用途面料》
138	FZ/T 07003—2019	《绿色设计产品评价技术规范 丝绸制品》
139	T/CNTAC 33—2019	《绿色设计产品评价技术规范 聚酯涤纶》
140	T/CNTAC 34—2019	《绿色设计产品评价技术规范 巾被织物》
141	T/CNTAC 35—2019	《绿色设计产品评价技术规范 皮服》
142	T/CNTAC 38—2019	《绿色设计产品评价技术规范 羊绒产品》
143	T/CNTAC 39—2019	《绿色设计产品评价技术规范 毛精纺产品》
144	T/CNTAC 40—2019	《绿色设计产品评价技术规范 针织印染布》
145	T/CNTAC 41—2019	《绿色设计产品评价技术规范 布艺类产品》

续表

序号	标准号	标准名称
146	T/CNTAC 51—2020	《绿色设计产品评价技术规范 色纺纱》
147	T/CNTAC 52—2020	《绿色设计产品评价技术规范 再生涤纶》
148	FZ/T 07010—2021	《绿色设计产品评价技术规范 针织服装》
149	T/CNTAC 74—2021	《绿色设计产品评价技术规范 毛毯产品》
150	T/CNTAC 75—2021	《绿色设计产品评价技术规范 床上用品》
151	T/CNTAC 77—2021	《绿色设计产品评价技术规范 化纤长丝织造产品》
152	T/CNTAC 78—2021	《绿色设计产品评价技术规范 牛仔面料》
153	T/CNTAC 80—2021	《绿色设计产品评价技术规范 再生纤维素纤维本色纱》
154	T/CNTAC 95—2022	《绿色设计产品评价技术规范 氨纶》
155	T/CNTAC 96—2022	《绿色设计产品评价技术规范 粘胶纤维》
通信行业		
156	T/CCSA 255—2019	《绿色设计产品评价技术规范 通信电缆》
157	T/CCSA 256—2019	《绿色设计产品评价技术规范 光缆》
158	T/CCSA 302—2021	《绿色设计产品评价技术规范 通信用户外机房、机柜》
包装行业		
159	T/CPF 0014—2021	《绿色设计产品评价技术规范 折叠纸盒》
160	T/CPF 0022—2021	《绿色设计产品评价技术规范 瓦楞纸板和瓦楞纸箱》
161	T/CPF 0025—2021	《绿色设计产品评价技术规范 无溶剂不干胶标签》

数据来源：工业和信息化部

（五）绿色供应链评价指标体系

截至 2022 年，我国已发布机械、汽车、电子电器 3 个行业的绿色供应链评价指标体系。

二、推广重点节能减排技术

（一）国家工业节能技术装备推荐目录（2022）

2022 年 11 月，工业和信息化部发布《国家工业和信息化领域节能技术装备推荐目录（2022 年版）》，其中，工业领域节能技术包括钢铁行业节能提效技术 14 项，有色行业节能提效技术 2 项，建材行业节能提效技术 10 项，石化化工行业节能提效技术 12 项，机械行业节能提效技术 9 项，轻工行业节能提效技术 4 项，电子行业节能提效技术 2 项，可再生能源高效利用节能提效技术 11 项，重点用能设备及系统节能提效技术 17 项，煤炭、天然气等化石能源清洁高效利用技术 6 项，其他节能提效技术 3 项。

信息化领域节能技术包括数据中心节能提效技术 18 项，通信网络节能提效技术 23 项，数字化绿色化协同转型节能提效技术 11 项。

高效节能装备包括高效节能电动机产品 26 项，高效节能变压器产品 34 项，高效节能工业锅炉产品 5 项，高效节能风机产品 24 项，高效节能压缩机产品 27 项，高效节能泵类产品 4 项，高效节能塑料机械产品 11 项，高效节能内燃机产品 2 项。

（二）工业产品绿色设计示范企业名单（第四批）

2022 年 11 月，工业和信息化部发布《工业产品绿色设计示范企业名单（第四批）》，第四批工业产品绿色设计示范企业包括 8 个行业共 99 家企业，其中包括电子电器行业 25 家、纺织行业 9 家、机械装备行业 28 家、汽车及配件行业 5 家、轻工行业 19 家、化工行业 7 家、建材行业 5 家、冶金行业 1 家。

（三）环保装备制造行业规范条件企业名单

2022 年 11 月，工业和信息化部发布 2022 年度《环保装备制造行业规范条件》企业名单，其中符合《环保装备制造行业（大气治理）规范条件》企业名单（第六批）中有 11 家企业，符合《环保装备制造行业（污水治理）规范条件》企业名单（第四批）中有 28 家企业，符合《环保装备制造行业（固废处理装备）规范条件》企业名单（第三批）中有 9 家企业，符合《环保装备制造行业（环境监测仪器）规范条件》企业名单（第四批）中有 8 家企业。

（四）2021 年度绿色制造名单

2022 年 1 月 15 日，工业和信息化部发布 2021 年度绿色制造名单，其中，绿色工厂 662 家、绿色设计产品 989 种、绿色工业园区 52 家、绿色供应链管理企业 107 家。

三、工业节能政策

2022 年 2 月，按照《关于严格能效约束推动重点领域节能降碳的若干意见》《关于发布〈高耗能行业重点领域能效标杆水平和基准水平（2021 年版）〉的通知》有关部署，中华人民共和国国家发展和改革委员会、中华人民共和国工业和信息化部、中华人民共和国生态环境部、国家能源局联合发布《高耗能行业重点领域节能降碳改造升级实施指南（2022 年版）》，共包括炼油、乙烯、对二甲苯、现代煤化工、合成氨、电石、烧碱、纯碱、磷铵、黄磷、水泥、平板玻璃、钢铁、焦化、铁合金、有色金属冶炼，以及建筑、卫生陶瓷 17 个行业的节能降碳改造升级实施指南。实施指南从引导改造升级、加强技术攻关、促进集聚发展和加快淘汰落后等方面进行了引导。

2022 年 6 月，中华人民共和国工业和信息化部、中华人民共和国国家发展和改革委员会、中华人民共和国财政部、中华人民共和国生态环境部、国务院国有资产监督管理委员会、中华人民共和国国家市场监督管理总局六部门联合发布《工业能效提升行动计划》。《工业能效提升行动计划》对进一步提高工业领域能源利用效率，推动优化能源资源配置的总体思路、主要目标、重点任务进行了如下部署。

总体思路强调"坚持节能优先方针，把节能提效作为最直接、最有效、最经济的降碳举措，统筹推进能效技术变革和能效管理革新，统筹提高能效监管能力和能效服务水平，统筹提升重点用能工艺设备产品效率和全链条综合能效，稳妥有序推动工业节能从局部单体节能向全流程系统节能转变，积极推进用能高效化、低碳化、绿色化，为实现工业碳达峰碳中和目标奠定坚实能效基础。"

主要目标提出："到 2025 年，重点工业行业能效全面提升，数据中心等重点领域能效明显提升，绿色低碳能源利用比例显著提高，节能提效工艺技术装备广泛应用，标准、服务和监管体系逐步完善，钢铁、石化化工、有色金属、建材等行业重点产品能效达到国际先进水平，规模以上工业单位增加值能耗比 2020 年下降 13.5%。能尽其用、效率至上成为市场主体和公众的共同理念和普遍要求，节能提效进一步成为绿色低碳的'第一能源'和降耗减碳的首要举措。"

重点任务包括大力提升重点行业领域能效，持续提升用能设备系统能效，统筹提升企业园区综合能效，有序推进工业用能低碳转型，积极推动数字能效提档升级，持续夯实节能提效产业基础，加快完善节能提效体制机制。

2022 年 6 月，为引导企业节能降耗、降本增效、满足工业企业节能与能效提升需求，不断提高能源管理水平，《工业和信息化部办公厅关于组织开展2022 年工业节能诊断服务工作的通知》中强调工作任务"聚焦企业主要技术装备、关键工序工艺、能源计量管理开展能效诊断，围绕企业优化用能结构、提升用能效率、强化用能管理等方面提出措施建议，推动重点用能行业和领域加快实施节能降碳技术改造项目，促进中小企业改进用能行为"。重点开展百家重点企业全面节能诊断、千家中小企业专项节能诊断、培育优质节能诊断服务机构、跟踪问效节能诊断成果。

2022 年 7 月，按照《工业和信息化部办公厅关于开展 2022 年工业节能监察工作的通知》要求，深入开展国家专项工业节能监察，聚焦重点行业领域，抓好重点企业、重点用能设备的节能监管，发挥强制性节能标准约束作用，提高能源利用效率；持续做好日常工业节能监察；强化工业节能监察基础能力建设，完善工作体系，加强能力建设，强化结果应用。

四、工业节水政策

2022 年 6 月 20 日，中华人民共和国工业和信息化部、中华人民共和国水利部、中华人民共和国国家发展和改革委员会、中华人民共和国财政部、中华人民共和国住房和城乡建设部、中华人民共和国国家市场监督管理总局联合发布《工业水效提升行动计划》，文件中对进一步提高工业用水效率的总体思路、主要目标和重点任务做出如下相关部署。

总体思路强调"坚持'节水优先、空间均衡、系统治理、两手发力'的治水思路，以实现工业水资源节约集约循环利用为目标，以主要用水行业和缺水地区为重点，以节水标杆创建和先进技术推广应用为抓手，以节水服务产业培育和改造升级为动力，优化工业用水结构和管理方式，加快形成高效化、绿色化、数字化节水型生产方式，全面提升工业用水效率和效益，推动经济社会高质量发展。"

主要目标提出："到 2025 年，全国万元工业增加值用水量较 2020 年下降16%。重点用水行业水效进一步提升，钢铁行业吨钢取水量、造纸行业主要产品单位取水量下降 10%，石化化工行业主要产品单位取水量下降 5%，纺织、食品、有色金属行业主要产品单位取水量下降 15%。工业废水循环利用水平进一步提高，力争全国规模以上工业用水重复利用率达到 94%左右。工业节水政策机制更加健全，企业节水意识普遍增强，节水型生产方式基本建立，初步形成工业用水与发展规模、产业结构和空间布局等协调发展的现代化格局。"

重点任务包括强化创新应用，加快节水技术推广，加强关键核心技术攻关和转化，遴选推广节水技术装备；强化改造升级，提升重点行业水效，推动重点行业水效提升改造，推动节水降碳协同改造；强化开源节流，优化工业用水结构，推进工业废水循环利用，扩大工业利用海水、矿井水、雨水规模；强化对标达标，完善节水标准体系，加强工业水效示范引领，完善工业节水标准体系；强化以水定产，推动产业适水发展，持续优化用水产业结构，因地制宜提升区域工业水效；强化数字赋能，提升管理服务能力，提高数字化水效管理水平，提升智慧化节水服务能力。

2022年10月12日，为贯彻落实《关于推进污水资源化利用的指导意见》和《工业废水循环利用实施方案》有关要求，工业和信息化部办公厅发布《工业和信息化部办公厅关于开展2022年工业废水循环利用试点工作的通知》，其中强调试点方向包括用水过程循环模式、区域产城融合模式、智慧用水管控模式、废水循环利用补短板模式及其他经验做法。同时还对试点工作的组织实施与管理、工作程序做出了具体要求。

五、资源综合利用政策

2022年1月27日，中华人民共和国工业和信息化部、中华人民共和国国家发展和改革委员会、中华人民共和国科学技术部、中华人民共和国财政部、中华人民共和国自然资源部、中华人民共和国生态环境部、中华人民共和国商务部、国家税务总局联合印发《关于加快推动工业资源综合利用的实施方案》，文件中对加快推动工业资源综合利用的总体思路、主要目标、重点任务做出如下相关部署。

总体思路强调"以技术创新为引领，以供给侧结构性改革为主线，大力推动重点行业工业固废源头减量和规模化高效综合利用，加快推进再生资源高值化循环利用，促进工业资源协同利用，着力提升工业资源利用效率，促进经济社会发展全面绿色转型，助力如期实现碳达峰碳中和目标。"

主要目标提出："到2025年，钢铁、有色、化工等重点行业工业固废产生强度下降，大宗工业固废的综合利用水平显著提升，再生资源行业持续健康发展，工业资源综合利用效率明显提升。力争大宗工业固废综合利用率达到57%，其中，冶炼渣达到73%，工业副产石膏达到73%，赤泥综合利用水平有效提高。主要再生资源品种利用量超过4.8亿吨，其中废钢铁3.2亿吨，废有色金属2000万吨，废纸6000万吨。工业资源综合利用法规政策标准体系日益完善，技术装备水平显著提升，产业集中度和协同发展能力大幅提高，努力构建创新驱动的规模化与高值化并行、产业循环链接明显增强、协同耦合活力显著激发的工业资源综合利用产业生态。"

重点任务包括三大工程：一是工业固废综合利用提质增效工程，推动技术升级降低固废产生强度，加快工业固废规模化高效利用，提升复杂难用固废综合利用能力，推动磷石膏综合利用量效齐增，提高赤泥综合利用水平，优化产业结构推动固废源头减量。二是再生资源高效循环利用工程，推进再生资源规范化利用，提升再生资源利用价值，完善废旧动力电池回收利用体系，深化废塑料循环利用，探索新兴固废综合利用路径。三是工业资源综合利用能力提升工程，强化跨产业协同利用，加强跨区域协同利用，推动工业装置协同处理城镇固废，加强数字化赋能，推进关键技术研发示范推广，强化行业标杆引领。

六、两化融合

2022 年 3 月，中华人民共和国工业和信息化部、中华人民共和国国家发展和改革委员会、中华人民共和国商务部、国家机关事务管理局、中国银行保险监督管理委员会、国家能源局联合发布《2021 年度国家绿色数据中心名单》，确定了 2021 年度国家绿色数据中心共 44 家，其中通信领域 14 家，互联网领域 19 家，公共机构领域 5 家，能源领域 1 家，金融领域 5 家。

第三节　绿色发展财政与税收政策

一、财政政策

2022 年 5 月 25 日，为贯彻落实党中央、国务院关于推进碳达峰碳中和的重大决策部署，充分发挥财政职能作用，推动如期实现碳达峰碳中和目标，中华人民共和国财政部发布《财政支持做好碳达峰碳中和工作的意见》，并对财政支持碳达峰碳中和工作的总体思路、主要目标和重点任务做出如下部署。

总体思路强调"坚持降碳、减污、扩绿、增长协同推进，积极构建有利于促进资源高效利用和绿色低碳发展的财税政策体系，推动有为政府和有效市场更好结合，支持如期实现碳达峰碳中和目标。"

主要目标提出："到 2025 年，财政政策工具不断丰富，有利于绿色低碳发展的财税政策框架初步建立，有力支持各地区各行业加快绿色低碳转型。2030 年前，有利于绿色低碳发展的财税政策体系基本形成，促进绿色低碳发展的长效机制逐步建立，推动碳达峰目标顺利实现。2060 年前，财政支持绿色低碳发展政策体系成熟健全，推动碳中和目标顺利实现。"

财政支持的重点方向和领域包括支持构建清洁低碳安全高效的能源体系、支持重点行业领域绿色低碳转型、支持绿色低碳科技创新和基础能力建设、支持绿色低碳生活和资源节约利用、支持碳汇能力巩固提升、支持完善绿色低碳市场体系 6 个方向和领域。

二、绿色发展税费优惠政策

2022 年 5 月，国家税务总局发布《支持绿色发展税费优惠政策指引》，梳理了国家支持绿色发展的相关税费优惠政策，主要包括支持环境保护、促进节能环保、鼓励资源综合利用、推动低碳产业发展 4 个方面，实施的 56 项支持绿色发展税费优惠政策。

支持环境保护方面共 6 项，包括环境保护税收优惠 4 项和水土保持税费优惠 2 项。促进节能环保方面共 20 项，包括合同能源管理项目税收优惠 3 项，供热企业税收优惠 3 项，节能环保电池、涂料税收优惠 2 项，节能节水税收优惠 3 项，新能源车船税收优惠 3 项，节约水资源税收优惠 3 项，污染物减排税收优惠 3 项。鼓励资源综合利用共 21 项，包括资源综合利用税收优惠 7 项，污水处理税收优惠 4 项，矿产资源开采税收优惠 7 项，水利工程建设税费优惠 3 项。推动低碳产业发展方面共 9 项，包括清洁发展机制基金及清洁发展机制项目税收优惠 2 项，风力、水力、光伏发电和核电产业税费优惠 7 项。

第十五章

2022 年中国工业节能减排重点政策解析

第一节　工业领域碳达峰实施方案

一、政策出台背景

《中共中央　国务院关于完整准确全面贯彻新发展理念做好碳达峰碳中和工作的意见》提出深度调整产业结构,推动产业结构优化升级、坚决遏制高耗能高排放项目盲目发展、大力发展绿色低碳产业。国务院印发的《2030 年前碳达峰行动方案》将"工业领域碳达峰行动"列为"碳达峰十大行动"之一,明确了工业领域碳达峰的重点行业、主要环节和关键问题,指出要重点处理好发展和减排、整体和局部、短期和中长期的关系,政府和市场两手发力,确保工业领域二氧化碳排放在 2030 年前顺利达峰。为落实上述要求,按照《2030 年前碳达峰行动方案》部署,中华人民共和国工业和信息化部、中华人民共和国国家发展和改革委员会、中华人民共和国生态环境部印发《工业领域碳达峰实施方案》(以下简称《方案》),明确了工业领域碳达峰的总体目标、工作思路和重点举措。

二、政策要点解析

《方案》提出工业领域碳达峰的总体目标,要在"十四五"期间筑牢工业领域碳达峰基础,"十五五"期间基本建立以高效、绿色、循环、低碳为重要特征的现代工业体系,确保工业领域二氧化碳排放在 2030 年前达峰。为此,《方案》紧扣我国工业发展的阶段性特征,部署两个重大行动和 6 项重点任务作为主要支撑,全面涵盖了工业领域碳达峰的关键抓手,明确了工业领域碳达峰的主攻方向。

（一）锚定工业领域碳达峰总体目标开展两个重大行动

一是牢牢抓住工业自身转型需求，实施重点行业达峰行动。工业体系门类众多、情况复杂，必须系统考虑行业的发展现状、排放特点、行业需求和产业安全等因素，稳妥有序推动各行业梯次达峰。我国钢铁、石化化工、有色金属、建材等重点行业能源消费占工业比重达 70%左右，是工业实现碳达峰的关键。工业领域积极开展重点行业达峰行动，制定相应的行业达峰方案和低碳发展路线图，分业施策，着力推进产业结构优化升级，力争有条件的重点行业二氧化碳率先达峰。

二是服务经济社会全局，开展绿色低碳产品供给提升行动。工业是国民经济的主导，不仅要实现自身转型，还要为全社会达峰做出重要贡献。我们将大力发展绿色低碳产业，打造绿色低碳产品供给体系，为能源生产、交通运输、城乡建设等其他领域提供高质量产品装备。注重完善绿色低碳产品的设计、开发、推广机制，到 2025 年，创建一批生态（绿色）设计示范企业，制修订 300 项左右绿色低碳产品评价相关标准，开发推广万种绿色低碳产品。在能源领域，推动能源电子产业高质量发展，开展智能光伏试点示范，支持高效低耗光伏、风电装备技术研发，攻克核心元器件。在交通领域，大力推广节能与新能源汽车，发展绿色智能船舶和新能源航空器等，提高公共领域新能源汽车比例，提升新能源汽车个人消费比例。到 2030 年，当年新增新能源、清洁能源动力的交通工具比例达到 40%左右，乘用车和商用车新车二氧化碳排放强度分别比 2020 年下降 25%和 20%以上。在城乡建设领域，加快推进绿色建材产品认证，开展绿色建材试点城市创建和绿色建材下乡行动，促进绿色建材与绿色建筑协同发展。

（二）全力推进工业绿色低碳转型，聚焦关键环节实施 6 项重点任务

第一，将产业结构调整作为降碳的"牛鼻子"。当前全球经济格局深度调整，产业竞争异常激烈。要牢牢把握产业革命大趋势，先立后破，提高绿色低碳产业在经济总量中的比重。构建有利于碳减排的产业布局，推进重点区域产业转移和承接，打造低碳转型效果明显的先进制造业集群。夯实传统产业绿色发展基底，坚决遏制高耗能高排放低水平项目盲目发展。通过差异化产能置换政策，优化钢铁、电解铝、水泥、平板玻璃等行业产能规模，保障健康、绿色产能有序生产。加快传统行业绿色低碳改造升级，对节能环保效益突出的技改

项目，帮助对接金融机构，积极消除"两高"帽子对传统企业融资的影响。大力培育绿色低碳产业。推动产业协同低碳示范，强化行业耦合发展，加强产业链跨地区协同布局，鼓励上下游企业、行业间企业开展协同降碳行动。

第二，继续发挥节能提效对降碳的促进作用。近年来，我国工业能效水平不断提升，降碳效果显著，要继续把节能提效作为满足能源消费增长的最优先来源。调整优化用能结构，控制化石能源消费，鼓励就近利用清洁能源，积极发展氢能，促进工业能源消费低碳化。推动工业用能电气化，加快工业绿色微电网建设，扩大电气化终端用能设备比例，加强电力需求侧管理。实施工业节能改造工程，加快节能技术产品装备推广应用，强化对标达标，开展能效"领跑者"行动，强化节能监督管理，不断提升工业产品能效水平。聚焦重点领域和重点用能设备，继续发挥节能监察和节能诊断服务作用。

第三，以绿色制造带动生产模式深度转型。绿色制造是我国推动制造业绿色低碳发展的重要机制。在"十三五"工作基础上，完善绿色制造标杆培育机制，持续推进绿色产品、绿色工厂、绿色园区、绿色供应链管理企业创建工作，建立梯级培育机制，实施动态管理，好中选优，树立一批示范作用强、带动效应好的绿色制造典型。实施中小企业绿色发展促进工程，开展中小企业节能诊断，在低碳产品开发、低碳技术创新等领域培育专精特新"小巨人"，面向中小企业打造普惠集成的低碳环保服务平台，促进中小企业绿色低碳发展。

第四，充分发挥节约资源和降碳的协同作用。大力发展循环经济，优化资源配置结构，大幅提高资源利用效率。推动低碳原料替代，推进水泥窑协同处置垃圾，鼓励煤化工、合成氨、甲醇等行业利用绿氢，发展生物质化工，优化原料结构。加强再生资源循环利用，实施废钢等再生资源回收利用行业规范管理，鼓励符合规范条件的企业公布碳足迹。推动新能源汽车动力电池回收利用体系建设。发展再制造产业，打造高值关键件再制造创新载体。推进机电产品再制造，加强再制造产品认定，培育 50 家再制造解决方案供应商，实施智能升级改造。强化工业固废综合利用，加快工业资源综合利用基地建设。

第五，为工业降碳注入强劲的创新动能。按照"研发突破、推广应用、改造示范"的思路，加快绿色低碳科技变革，以技术工艺革新、生产流程再造促进工业减碳去碳。构建以企业为主体，产学研协同、上下游协同的低碳零碳负碳技术创新体系，推动绿色低碳技术重大突破。发布工业重大低碳技术目录，组织制定技术推广方案和供需对接指南，加大绿色低碳技术推广力度。围绕重点行业实施生产工艺深度脱碳、工业流程再造、电气化改造、二氧化碳回收循环利用等技术改造示范，形成一批可复制可推广的技术经验和行业方案，减少能源消费和工业过程温室气体排放。

第六，以数字技术驱动生产方式绿色化变革。世界经济数字化发展、数字化转型是大趋势，要加快工业领域低碳工艺革新和数字化转型。利用大数据、5G、工业互联网、云计算、人工智能、数字孪生等对工艺流程和设备进行绿色低碳升级改造，改变传统行业生产运营模式，提高生产效率，减少资源能源消耗和碳排放，提高环境效益。应用数字化碳管理工具对企业碳排放进行精准管控，建立数字化碳管理平台把各行业、各企业碳排放数据"连起来"，加强碳排放管理。鼓励电信企业、信息服务企业和工业企业加强合作，聚焦能源管理、节能降碳典型场景，培育推广标准化的"工业互联网＋绿色低碳"解决方案和工业App，助力区域和行业绿色转型。

第二节   工业能效提升行动计划

一、政策出台背景

工业是我国能源消费的重要领域之一。党的十八大以来，工业和信息化领域牢固树立和践行绿水青山就是金山银山的理念，坚持走绿色低碳循环发展之路，在工业节能方面建立了较为完善的制度体系，我国工业能效水平不断提升，规模以上工业单位增加值能耗在"十二五"期间大幅下降的基础上，在"十三五"期间进一步下降16%，2021年下降5.6%。

"十四五"时期，党中央、国务院围绕制造强国和网络强国建设、生态文明建设等做出一系列重大决策部署，特别是碳达峰碳中和目标，对工业节能工作提出了新的更高要求。一方面，要支撑制造业比重保持基本稳定，用能需求将刚性增长；另一方面，碳达峰碳中和时间窗口紧，工业节能降碳任务艰巨。根据国际能源署的分析，到2050年，能效提升是实现二氧化碳大规模减排的主要途径，其贡献约为37%，是实现碳减排最主要，也是最经济、最直接的路径之一。同时，工业节能提效面临着用能结构绿色化水平不高、节能提效技术创新及装备推广存在短板、重点用能行业节能挖潜难度日益加大等问题。面对新形势新要求，亟须加强工业能效提升的顶层设计，夯实工业节能基础，深挖重点行业、重点领域、重点设备节能潜力，全面提升工业能效水平，积极构建多能高效互补的工业用能结构，释放能源消费空间，为实现工业碳达峰碳中和目标奠定坚实能效基础。

为进一步提高工业能源利用效率，推动优化能源资源配置，中华人民共和国工业和信息化部、中华人民共和国国家发展和改革委员会、中华人民共和国财政部、中华人民共和国生态环境部、国务院国有资产监督管理委员会、中华人民共和国国家市场监督管理总局联合印发了《工业能效提升行动计划》（以下简称《行动计划》），明确了"十四五"期间推动工业节能提效的指导思想、主要目标、重点任务和保障措施。

二、政策要点解析

《行动计划》坚持系统观念，坚持节能优先方针，统筹推进能效技术变革和能效管理革新，统筹提高能效监管能力和能效服务水平，统筹提升重点用能工艺设备产品效率和全链条综合能效，提出了一系列工作举措。

一是聚焦重点用能行业、重点用能领域和重点用能设备，分业施策，分类推进，系统提升工业能效水平。《行动计划》提出，深入挖掘钢铁、石化化工、有色金属、建材等行业节能潜力，有序推进技术工艺升级。鼓励钢化联产、炼化集成、煤化电热一体化和多联产发展，推动不同行业间融合创新，实现协同节能提效。推进数据中心、通信基站、通信机房等重点领域能效提升绿色升级，持续开展国家绿色数据中心建设，提高网络设备等信息处理设备能效。围绕电机、变压器、锅炉等通用用能设备，持续开展能效提升专项行动，加大高效用能设备应用力度，加强重点用能设备系统匹配性节能改造和运行控制优化。

二是加强全链条、全维度、全过程用能管理，强化标准引领和节能服务，协同提升大中小企业、工业园区能效水平。《行动计划》提出，强化工业企业、园区能效管理，加强大型企业能效引领作用，全面推行绿色制造，加快推进节能提效工艺革新和数字化、绿色化转型。提升中小企业能效服务能力，引导中小企业应用节能提效技术工艺装备，加大可再生能源和新能源利用。健全完善工业节能标准体系，加强能效对标达标，实施重点用能行业能效"领跑者"制度，探索打造超级能效工厂。着力提升节能技术装备产品供给水平，大力发展节能服务，积极构建绿色增长新引擎，培育制造业绿色竞争新优势。

三是统筹优化工业用能结构、数字赋能等对节能提效的促进作用，全面提升工业能效基础。《行动计划》提出，有序推进工业用能低碳转型，加强用能供需双向互动，统筹用好化石能源、可再生能源等不同能源品种，积极构建电、热、冷、气等多能高效互补的工业用能结构。积极推动数字能效提档升级，充分发挥数字技术对工业能效提升的赋能作用，推动构建状态感知、实时分析、科学决策、精确执行的能源管控体系，加速生产方式数字化、绿色化转型。健全完善工业节能有关政策、法规、标准，强化节能监督管理和诊断服务，坚决遏制高耗能、高排放、低水平项目盲目发展，夯实工业能效提升基础。

第三节　工业水效提升行动计划

一、政策出台背景

工业是我国最重要的用水部门之一，2021年工业用水量为1049.6亿立方米，占全国用水总量的17.7%。"十三五"以来，工业用水效率明显提升，全国万元工业增加值用水量从2015年的58.3立方米下降至2021年的28.2立方米，规模以上工业用水重复利用率从89%提高至92.9%。但工业领域节水提效仍面临产业结构布局与水资源条件不匹配、部分行业水重复利用率不高、非常规水利用不足、关键技术与装备存在短板等问题。

《工业水效提升行动计划》是工业领域落实"节水优先、空间均衡、系统治理、两手发力"治水思路的重要举措，对于优化工业用水结构和管理方式，提升水资源集约节约利用水平，加快形成高效化、绿色化、数字化节水型生产方式，有效缓解水资源供需矛盾、减少水污染和保障水生态安全，具有重要指导意义。

二、政策要点解析

《工业水效提升行动计划》以实现工业水资源节约集约循环利用为目标，明确提出："到2025年，全国万元工业增加值用水量较2020年下降16%。"还提出："力争全国规模以上工业用水重复利用率达到94%左右。"围绕技术创新推广、重点行业改造升级、优化用水结构、完善标准体系、调整产业结构、强化数字赋能等提出6个方面12项具体任务。

在强化创新应用，加快节水技术推广方面，支持行业协会、科研院所、高校等开展工业节水基础研究和应用技术创新性研究，完善技术产业化协同创新机制、用好"揭榜挂帅""赛马机制"等方式，鼓励相关企业承担攻关项目。制定工业节水装备行业规范条件，发布国家鼓励的工业节水工艺、技术和装备目录，制定技术推广方案和供需对接指南，遴选推广一批先进适用的节水技术装备。

在强化改造升级，提升重点行业水效方面，聚焦重点行业水效提升和节水降碳协同改造，引导金融机构绿色信贷优先支持水效提升改造项目，鼓励有条件的中央企业及园区实施数字化降碳改造，探索建立上下游企业节水降碳合作新模式，推动节水降碳协同改造。

在强化开源节流，优化工业用水结构方面，重点推进工业废水循环利用，扩大非常规水利用规模。聚焦重点用水行业创建一批废水循环利用示范企业和园区，重点围绕京津冀、黄河流域等缺水地区及长江经济带等水环境敏感区域，创建一批产城融合废水高效循环利用创新试点，形成可复制、可推广的典型应用场景。鼓励沿海企业、园区加大海水直接利用及海水淡化技术应用力度，鼓励有条件的矿区及周边工业企业、园区建设一批矿井水分级处理、分质利用工程，鼓励企业、园区建立完善雨水集蓄利用、雨污分流等设施，加强管网建设，扩大工业利用海水、矿井水、雨水规模。

在强化对标达标，完善节水标准体系方面，加强工业水效示范引领，建立"节水型—节水标杆—水效领跑者"三级水效示范引领体系，完善工业节水标准工作机制，编制标准制修订计划，加快制修订工业水效提升相关标准，加强标准采信，鼓励共同制定国际标准。

在强化以水定产，推动产业适水发展方面，持续优化用水产业结构，严格执行产能置换政策，严控新增产能，依法依规推动落后产能退出，加快先进制造业和战略性新兴产业发展，提高低水耗高产出产业比重。因地制宜提升区域工业水效，在京津冀及黄河流域等地区加快废水循环利用及海水、再生水、苦咸水等非常规水利用，在长江经济带等地区，全面推行清洁生产，加强化工园区整治提升，推动沿江企业加大废水循环利用力度。

在强化数字赋能，提升管理服务能力方面，推动企业、园区健全水效管理制度，加强用水计量器具配备和管理。推动高用水企业、园区对已有数字化平台进行升级改造，开展智能化管控、管网漏损监测等系统建设，探索建立"工业互联网+水效管理"典型应用场景，提高数字化水效管理水平。推动新型智能节水计量器具研发、生产和应用，遴选水效提升系统解决方案服务商，打造水效提升服务领域的专精特新"小巨人"企业，提升智慧化节水服务能力。

第四节 关于加快推动工业资源综合利用的实施方案

2022年1月27日，工业和信息化部等八部委印发《关于加快推动工业资源综合利用的实施方案》（工信部联节〔2022〕9号）（以下简称《实施方案》）。

一、政策出台背景

推动工业资源综合利用、提高资源利用效率，是促进工业绿色低碳循环发展、保障资源供给安全、缓解资源环境约束的重要举措。我国在"十三五"期间取得了三大成效。首先，技术装备水平不断提升，全固废生产胶凝材料、钢渣超音速蒸汽粉磨等先进适用技术实现了产业化应用和规模推广。其次，综合利用产品日益丰富，如以固废为原料生产的新型建筑材料、再生金属、再生塑料制品等产品种类愈加丰富，市场认可度也越来越高。最后，发展模式日渐成熟，涌现了多种基于地方特点的成熟可推广产业发展模式，带动产业规模不断壮大。据行业估算，2020年，我国大宗工业固废综合利用量达到20亿吨左右，再生资源回收利用量达到3.8亿吨左右，资源综合利用已成为保障我国资源供应安全的重要力量。

我国工业资源综合利用产业发展取得了一定的成效，但要实现高质量发展仍面临一些问题和挑战。首先，固体废物产生量和堆存量较大，废玻璃等低值化废旧物资回收率较低。其次，企业创新能力不强，技术装备水平不高，部分关键技术尚未突破，高附加值、规模化利用能力有待提高。此外，新兴固废如报废可再生能源设备、快递包装废物等大量产生，缺乏有效的利用途径和技术路线，综合利用难度较大。为进一步夯实工业资源综合利用发展成效，解决当前制约行业发展的共性关键问题，提升资源利用效率，特出台《实施方案》。

二、政策要点解析

（一）基本要求

《实施方案》提出，加快推动工业资源综合利用，要坚持"统筹发展、问题导向、创新引领、市场主导"原则。一是坚持统筹发展，围绕资源利用效率提升与工业绿色转型需求，结合工业固废和再生资源产业结构、空间分布特点，统筹构建跨产业协同、上下游协同、区域间协同的工业资源综合利用格局。二是坚持问题导向。聚焦重点固废品种和产业链薄弱环节，瞄准工业固废减量化痛点、再生资源高值化难点、工业资源协同利用堵点，精准施策、靶向发力，切实提高工业资源综合利用产业发展的质量和效益。三是坚持创新引领。强化企业创新主体地位，拓展产学研用融合通道，着力突破工业固废和再生资源综合利用的关键共性技术，加快先进适用技术装备的产业化应用推广，提高数字化水平，推动政策、管理等体制机制创新。四是坚持市场主导。充分发挥市场在资源配置中的决定性作用，更好地发挥政府作用，以需求、供给、价格等市场手段为主，以规划、政策等行政手段为辅，激发产废企业、综合利用企业等各类市场主体对固废减量和利用、再生资源增值增效的积极性。

（二）主要目标

《实施方案》明确了面向 2025 年的工业资源综合利用目标。具体来说，到 2025 年，钢铁、有色、化工等重点行业工业固废产生强度下降，大宗工业固废的综合利用水平显著提升，再生资源行业持续健康发展，工业资源综合利用效率明显提升。力争大宗工业固废综合利用率达到 57%，其中，冶炼渣达到 73%，工业副产石膏达到 73%，赤泥综合利用水平有效提高。主要再生资源品种利用量超过 4.8 亿吨，其中废钢铁 3.2 亿吨，废有色金属 2000 万吨，废纸 6000 万吨。

（三）重点工作

《实施方案》提出了构建资源高效循环利用闭环管理的三大工程。

一是工业固废综合利用提质增效工程。在巩固"十三五"发展成效的基础上，进一步加快推动工业固废规模化高效利用。针对工业固废综合利用水平提高的薄弱环节和产业难点，大力提升复杂难用固废综合利用能力，着力推动磷石膏综合利用量效齐增、推动赤泥综合利用水平提升。同时，围绕推动技术升级、优化产业结构两方面减少工业固废产生。

二是再生资源高效循环利用工程。持续推进再生资源规范化利用，加快推动其高值化利用。针对当前社会关注的热点难点问题，加快完善废旧动力电池回收利用体系，深化废塑料的循环利用，积极探索新兴固废综合利用路径。

三是工业资源综合利用能力提升工程。通过强化跨产业、跨地区的协同利用，促进工业装置协同处理城镇固废，积极开展关键技术研发示范推广，加强数字化赋能与示范引领等，大力提升行业发展能力，为工业资源综合利用的长期健康发展提供强有力的支撑。

为推进上述工程的落实,《实施方案》提出重点做好4方面保障工作。

一是要加强组织领导。工业和信息化系统应构建责任明确、上下一体、协同推进的工作机制。地方应研究制定工作推进方案,明确目标、任务和措施,切实抓好方案落实。

二是要完善法规标准体系。研究制定工业资源综合利用管理办法,鼓励出台地方性法规,构建激励和约束机制。设立工业资源综合利用行业标准化技术组织,加快推进工业资源综合利用产品、评价、检测等标准制修订。

三是要加大政策支持力度。充分利用现有国家与地方资金、金融渠道与社会资本,支持工业资源综合利用项目建设,强化用地保障。落实各项资源综合利用税收优惠政策。

四是要深化合作交流与宣传引导。加强国内外交流合作,扩大宣传,总结推广经验做法和典型模式。引导促进绿色消费,努力营造全社会参与的良好氛围。

第五节　环保装备制造业高质量发展行动计划

2022年1月13日,中华人民共和国工业和信息化部、中华人民共和国科学技术部、中华人民共和国生态环境部印发《环保装备制造业高质量发展行动计划(2022—2025年)》(工信部联节〔2021〕237号)(以下简称《计划》)。

一、政策出台背景

加快全球生态文明建设,携手共建地球美好家园,已经成为国际共识。环保装备制造业既是节能环保产业的核心组成部分,也是生态环境保护的重要产业支撑,更是实现绿色低碳发展的关键保障。过去10年,我国环保装备市场需求不断增长,产能和技术水平持续提升,部分企业迅速成长为行业龙头,具备了一定的技术创新能力,产品水平和质量已经跟跑、并跑甚至领跑欧美日等发达国家。2015—2021年,环保装备制造业规模年均增长率达9.4%,截至2021年年底行业总产值达9500亿元,较2015年增长了71%,表明我国环保装备制造业快速发展,已成长为我国社会经济发展与生态文明建设的重要支撑和保障。然而,现阶段我国环保装备行业创新能力不强、低端产品同质化竞争严重、先进技术装备应用推广困难等问题突出，与国外先进环保装备差距明显，难以有效应对日益升级的污染防治新需求。

为了满足人民日益增长的美好生活需求，促进环保装备制造业高质量发展，提高社会经济绿色低碳转型的保障能力，特制定该《计划》。

二、政策要点解析

（一）指导思想

《计划》坚持以习近平新时代中国特色社会主义思想为指导，全面贯彻党的十九大和十九届历次全会精神，深入贯彻习近平生态文明思想，立足新发展阶段，完整、准确、全面贯彻新发展理念，构建新发展格局，以推动高质量发展为主题，以深化供给侧结构性改革为主线，紧紧围绕深入打好污染防治攻坚战对环保装备的需求，以攻克关键核心技术为突破口，强化科技创新支撑，提升高端装备供给能力，推进产业结构优化升级，推动发展模式数字化、智能化、绿色化、服务化转型，加快形成创新驱动、示范带动、平台保障、融合发展的产业生态，为经济社会绿色低碳发展提供有力的装备支撑。

（二）主要目标

《计划》明确了面向 2025 年的环保装备制造业高质量发展目标。具体来说，到 2025 年，行业技术水平明显提升，一批制约行业发展的关键短板技术装备取得突破，高效低碳环保技术装备产品供给能力显著提升，充分满足重大环境治理需求。行业综合实力持续增强，核心竞争力稳步提高，打造若干专精特新"小巨人"企业，培育一批具有国际竞争优势的细分领域的制造业单项冠军企业，形成上中下游、大中小企业融通发展的新格局，多元化互补的发展模式更加凸显。环保装备制造业产值力争达到 1.3 万亿元。

（三）重点工作

《计划》围绕科技创新与产品供给能力提升、产品结构与发展模式转型，提出四大行动。

一是科技创新能力提升"补短板"行动。加强关键核心技术攻关，聚焦"十四五"期间环境治理新需求，长期存在的环境污染治理难点问题，基础零部件和材料药剂等"卡脖子"问题，以及新污染物治理、监测、溯源等。推进共性技术平台建设，加大对创新资源的整合力度，支持成立环保装备领域制造业创新中心，鼓励环保装备龙头企业。加快科技成果转移转化，支持研发、制造、使用单位或园区合作建立重大环保技术装备创新基地，支持行业协会等联合地方、园区、企事业单位建设一批公共服务机构。

二是产品供给能力增强"锻长板"行动。强化新型装备应用，推动环保领域装备纳入首台（套）重大技术装备相关目录并充分利用首台（套）重大技术装备相关政策。加快先进装备推广，定期制修订《国家鼓励发展的重大环保技术装备目录》，在大气治理、污水治理、土壤污染修复、固体废物处理处置、环境监测仪器等领域。加快建立完善产品质量标准体系，组织开展质量提升行动，引导企业加强品牌建设，提升产品质量品牌。

三是产业结构调整"聚优势"行动。升级产品结构，依法依规淘汰高耗能、低效率落后产品，拓展新产品细分领域，引导企业从设计制造单一污染物治理技术装备向多污染物协同治理转变，推动龙头企业向多领域"产品+服务"供给转变，提供一体化综合治理解决方案。培育优质企业，推动环保装备制造业加强产业链分工协作，支持龙头企业争创产业链领航企业，打造一批制造业单项冠军企业。发展产业集群，统筹规划环保装备制造业布局，引导区域间差异化发展，培育形成具有示范引领作用的先进环保装备产业集群。

四是发展模式转型"蓄后势"行动。推动数字化智能化转型，深入推进 5G、工业互联网、大数据、人工智能等新一代信息技术在环保装备设计制造、污染治理和环境监测等过程中的应用，加快污染物监测治理远程智能控制系统平台的开发应用，完善环保装备数字化智能化标准体系。促进绿色低碳转型，推动清洁能源替代，鼓励环保治理长流程工艺向短流程工艺改进，鼓励企业从全生命周期角度对产品进行系统优化。引导服务化转型，推动环保装备制造企业拓展服务型业务，开展新兴技术与环境服务业融合发展试点工作。

为推进上述行动的落实，《计划》提出重点做好 4 方面保障工作。

一是加大支持力度。国家科技计划项目加强环保装备关键核心技术攻关。优化完善首台（套）重大技术装备保险补偿政策，支持先进环保技术装备推广应用。发挥重大工程牵引示范作用，运用政府采购政策支持创新产品和服务。落实产融合作推动工业绿色发展专项政策，发挥国家产融合作平台作用，引导金融机构按照市场化、商业可持续原则加大对环保装备领域的支持。加强中央和地方政策的联动性，加大对环保重点领域的政策、资金支持力度，开展"补贷保"联动试点，推动科技产业金融良性循环，引导社会资本投早投小投硬科技，促进新技术产业化规模化应用。

二是优化市场环境。加强行业规范引导，适时制修订环保装备制造业规范条件，发布符合规范条件的企业名单并建立动态更新机制，鼓励中小微企业等新兴市场主体参与，推动建立公平竞争、健康有序的市场发展环境，激发市场活力。充分发挥相关行业协会、科研院所和咨询机构等作用，强化产业引导、技术支撑、品牌评价、宣传培训等。

三是培育人才队伍。加强高校相关专业人才与企业用人需求对接，建立校企结合的人才实践基地，探索互动式人才培养模式。支持第三方机构与科研院所等社会力量开展职业培训工作。鼓励企业实行更加开放的人才政策，构筑集聚国内外优秀人才的科创新高地，引领行业现代企业家队伍建设。

四是深化国际合作。充分利用双多边国际合作平台，加强技术、标准、人才等全方位的国际合作。鼓励骨干优势企业与环境基础设施建设及污染治理企业联合，开展成套装备出口、工程建设、运营维护等全流程业务的合作，积极拓展国际市场，提升产品的国际影响力和竞争力。

第六节　关于深入推进黄河流域工业绿色发展的指导意见

2022 年 12 月 12 日，中华人民共和国工业和信息化部、中华人民共和国国家发展和改革委员会、中华人民共和国住房和城乡建设部、中华人民共和国水利部印发《关于深入推进黄河流域工业绿色发展的指导意见》（工信部联节〔2022〕169 号）以下简称《指导意见》。

一、政策出台背景

推动黄河流域生态保护和高质量发展是习近平总书记亲自谋划部署推动的国家重大战略。党的十八大以来，习近平总书记多次实地考察黄河，作出系列重要讲话与指示批示。2019 年，习近平总书记主持召开黄河流域生态保护和高质量发展座谈会，要求"要坚持绿水青山就是金山银山的理念，坚持生态优先、绿色发展，以水而定、量水而行，因地制宜、分类施策，上下游、干支流、左右岸统筹谋划，共同抓好大保护，协同推进大治理"。2021 年，习近平总书记主持召开深入推动黄河流域生态保护和高质量发展座谈会，强调"要坚定走绿色低碳发展道路，推动流域经济发展质量变革、效率变革、动力变革"。2022 年，党的二十大报告中明确提出"推动黄河流域生态保护和高质量发展"，这对黄河流域工业绿色发展提出了更高要求。

黄河流域面临着水资源短缺、生态脆弱、绿色发展水平不足等问题，这制约了黄河流域工业绿色发展。平均每年水资源总量只有 647 亿立方米，仅占长江流域的 7%左右。然而，水资源开发利用率却高达 80%，远超过了 40%的生态警戒线。这一现象给生态环境带来了较大的压力，并且工业废水排放量占该区域污水排放总量的近三分之一，且多数沿河分布，导致部分支流和湖库污染问题严重。此外，黄河流域的高质量发展不够充分，产业倚能倚重、低质低效问题突出，以能源化工、原材料等为主导的特征明显。水资源短缺、产业结构偏重偏煤、绿色技术发展水平不足等问题也限制了黄河流域工业绿色发展的进步。

面对新形势新要求，亟须制定一个深入推进黄河流域工业绿色发展的政策文件。《指导意见》的出台，对推动黄河流域生态保护和高质量发展、加快发展方式绿色转型、推进区域协调发展和绿色发展具有重要意义。

二、政策要点解析

（一）指导思想

《指导意见》以习近平新时代中国特色社会主义思想为指导，全面贯彻党的二十大精神，深入贯彻习近平生态文明思想，完整、准确、全面贯彻新发展理念，加快构建新发展格局，以推动高质量发展为主题，加快发展方式绿色转型，实施全面节约战略，着力推进区域协调发展和绿色发展，立足黄河流域不同地区自然条件、资源禀赋和产业优势，按照共同抓好大保护、协同推进大治理要求，加快工业布局优化和结构调整，强化技术创新和政策支持，推动传统制造业改造升级，提高资源能源利用效率和清洁生产水平，构建高效、可持续的黄河流域工业绿色发展新格局。

（二）主要目标

《计划》明确了面向 2025 年的黄河流域工业绿色发展目标。到 2025 年，黄河流域工业绿色发展水平明显提升，产业结构和布局更加合理，城镇人口密集区危险化学品生产企业搬迁改造全面完成，传统制造业能耗、水耗、碳排放强度显著下降，工业废水循环利用、固体废物综合利用、清洁生产水平和产业数字化水平进一步提高，绿色低碳技术装备广泛应用，绿色制造水平全面提升。

（三）重点工作

《指导意见》提出 5 个重点方向 14 项具体任务。

一是推动产业结构布局调整，包括促进产业优化升级，坚决遏制高污染、高耗水、高耗能项目盲目发展，严格执行行业产能置换政策，依法依规推动落后产能退出；构建适水产业布局，推动重化工集约化、绿色化发展，推进危险化学品生产企业搬迁改造，推动能源基地绿色低碳转型；大力发展战略性新兴产业和先进制造业，开展先进制造业集群发展专项行动，培育专精特新"小巨人"企业和制造业单项冠军企业，加快发展战略性新兴产业。

二是推动水资源集约化利用，包括推进重点行业水效提升，实施工业水效提升改造，大力推广先进节水工艺、技术和装备，创建废水循环利用示范企业、园区；加强工业水效示范引领，加快制修订节水相关标准，推动创建节水标杆企业、园区，遴选国家水效领跑者企业、园区；优化工业用水结构，严格用水定额管理，创建产城融合废水高效循环利用创新试点，推动海水、苦咸水、矿井水、雨水等非常规水利用。

三是推动能源消费低碳化转型，包括推进重点行业能效提升，推进节能技术工艺升级，实施能效"领跑者"行动，开展工业节能监察，组织实施工业节能诊断服务；实施降碳技术改造升级，加强绿色低碳工艺技术装备推广应用，推动产品全生命周期减碳，探索主动降碳路径，实施降碳效果突出、带动性强重大工程；推进清洁能源高效利用，鼓励替代能源应用，加快煤炭减量替代，提升工业终端用能电气化水平。

四是推动传统制造业绿色化提升，包括推进绿色制造体系建设，创建绿色产品、绿色工厂、绿色工业园区和绿色供应链管理企业，开展绿色制造技术创新及集成应用；加强工业固废等综合利用，提高工业固废综合利用率，鼓励建设再生资源高值化利用产业园区，积极落实生产者责任延伸制度，提前布局新兴固废综合利用；提高环保装备供给能力，实施环保装备制造业高质量发展行动计划，开展重点行业清洁生产改造，推广应用清洁生产技术工艺及先进适用的环保治理装备。

五是推动产业数字化升级，包括加强新型基础设施建设，推进新型信息基础设施绿色升级，开展大中型数据中心、通信网络基站和机房绿色建设和改造，建立全生命周期绿色低碳基础数据平台；推动数字化智能化绿色化融合，深化生产制造过程的数字化应用，支持采用物联网、大数据等信息化手段，推广"工业互联网＋"新模式。

为推进上述工作的落实，《指导意见》提出重点做好4方面保障工作。

一是加强组织领导，充分认识深入推进黄河流域工业绿色发展的重要意义，落实工作责任，细化工作方案，逐项抓好落实。

二是强化标准和技术支撑，发挥标准引领作用，推进绿色发展标准建设，加大绿色低碳技术装备产品创新，推动先进成熟技术产业化应用和推广。

三是落实财税金融政策，落实企业所得税、增值税等优惠政策，以及促进工业绿色发展的产融合作专项政策，推动落实水资源税改革相关办法。

四是创新人才培养和合作机制，完善人才吸引政策及市场化、社会化的人才管理服务体系，推动绿色制造和绿色服务率先"走出去"。

热　点　篇

第十六章

绿色园区

绿色园区是绿色制造体系的重要组成部分，在推进企业之间协同链接、产业链构建、固废集中处置、环保基础设施共享等方面具有显著优势。当前，国家共组织实施了 7 批示范。2023 年 2 月，工业和信息化部发布了 2022 年度绿色园区名单。

第一节　2022 年绿色园区创建情况

2022 年 9 月 16 日，工业和信息化部办公厅发布《关于开展 2022 年度绿色制造名单推荐工作的通知》，要求各地按照《工业和信息化部办公厅关于开展绿色制造体系建设的通知》（工信厅节函〔2016〕586 号）明确的推荐程序，按照"优中选优、宁缺毋滥"的原则，组织本地区绿色工厂、绿色园区、绿色供应链等的申报工作。同时，新增对于绿色制造名单动态管理要求，请各地加强对绿色制造名单企业或园区的跟踪指导和动态管理，建立绿色制造水平关键指标定期报送机制。

2022 年度申报工作受到各地高度重视，并积极申报，申报评审工作于 2022 年 10 月 31 日完成，2023 年年初公布了第七批绿色制造名单。第七批绿色园区共有 47 家企业进入名单，具体分布情况如图 16-1 所示。

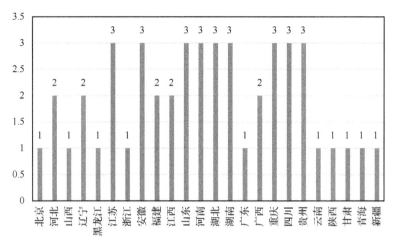

图 16-1　各省（市、自治区）及计划单列市 2022 年度绿色园区名单数
（数据来源：工业和信息化部）

第二节　2022 年度绿色园区示范特点

一、入选数量保持较高水平

自绿色园区申报工作开展以来，绿色园区申报数量呈现明显增长的趋势，特别是第五批绿色制造名单中绿色园区数量的增长尤为明显。从第一批的 24 家、第二批的 22 家，到第三批的 35 家、第四批的 39 家、第五批的 53 家、第六批 52 家。2020—2022 年，绿色园区申报数量增长明显，绿色园区创建工作开展越来越扎实。

二、中西部省市开始发力

绿色园区的申报一直以我国东部地区创建数量较多。随着绿色制造体系政策的影响力越来越大，地方积极性越来越高，中部地区和西部地区进入绿色制造名单的园区逐步增多。在 2022 年度绿色园区名单中，中部地区绿色园区创建数量增长明显。具体来看，有 9 个省市的绿色园区创建数量达到 3 个，其中中部地区六省中有 4 个省份的绿色园区创建数量都达到 3 个，主要是安徽省、河南省、湖北省、湖南省。西部地区四川省、贵州省、重庆市的绿色园区创建数量也都达到 3 个。

三、更多的地方第三方机构参与

绿色园区的申报需要"两评两审",除了园区自评价,还需要聘请第三方机构对园区的绿色发展水平进行评价。充分发挥第三方机构的作用也是绿色园区申报工作的一个亮点。随着绿色制造体系创建工作的深入开展,越来越多的第三方机构参与进来。与前几批相比,地方第三方机构越来越活跃,它们的参与度也越来越高。几乎一半以上的绿色园区第三方评价均由地方第三方机构完成。未来在绿色制造体系创建工作中,地方第三方机构将发挥更多的作用。

第三节 典型园区——上海杭州湾经济技术开发区

一、园区简介

上海杭州湾经济技术开发区(以下简称开发区)位于上海市南翼、杭州湾北岸,处于上海市沿海通道发展战略的重要位置。规划总面积为 27.2 平方千米,其中,西部地块为 17.73 平方千米(一期 9.87 平方千米,二期 7.86 平方千米),东部地块(星火)为 9.48 平方千米。杭州湾开发区是以制造加工业为主的外向型工业园区,共有实体型企业 357 家,其中工业企业 261 家,拥有远纺工业、亚东石化、帝斯曼维生素、金力泰化工、东风汽车、冠生园食品等行业龙头企业。经过 20 多年的建设发展,开发区形成了以精细化工产业、新材料产业、生物医药产业和战略性新兴产业为主的"1+1+X"产业格局,当前,精细化工产业占比约 23%、新材料产业占比约 27%、生物医药产业占比约 19%。新材料领域已初步形成产业特色集群,重点发展高分子材料、高性能纤维及复合材料、战略性前沿新材料、光电子材料、功能性材料等新兴材料产业。精细化工领域已成为开发区传统优势支柱产业,产业发展向"专业、特色、创新"产业链延伸深度转型提升。生物医药产业依托"张江药谷"和"东方美谷"双谷联动优势,聚力打造东方美谷美丽大健康产业重要承载区。开发区先后被中华人民共和国国家发展和改革委员会确定为上海国家生物产业基地,被中华人民共和国商务部、中华人民共和国科技部确定为生物医药领域国家科技兴贸创新基地,被上海市确定为"新材料产业基地"。

开发区高度重视绿色发展,已经取得较好成效。3 个主导产业精细化工、新材料与生物医药绿色化发展水平高,龙头企业积极创建绿色工厂,开发区内亚东石化（上海）有限公司、上海中西三维药业有限公司、上海东石塘再生能源有限公司等企业已经成功进入国家绿色工厂示范名单。循环经济发展成效明显，初步形成了精细化工循环经济产业链条，提高了资源利用效率。产业结构调整进展顺利，高新技术产业、节能环保产业的比重显著提升。基础设施较完备，污水集中处理设施运行良好，余热回用比例较高。绿色发展管理与服务水平不断提升，编制了专门的绿色发展规划，理顺了管理体系，构建了以技术创新为主导的公共服务体系，建设了智慧平台，通过了 ISO 9001 质量管理和 ISO 14001 环境管理体系认证，为进一步推动绿色发展奠定了良好的基础。

二、创建绿色园区工作亮点

（一）产业结构调整成效显著

全面优化杭州湾经济技术开发区产业布局和产业结构，加快产业转型升级，持续提升高新技术产业比重、绿色产业比重，推动现有产业绿色化改造提升，实现开发区高质量发展，并且取得了较为明显的成效。

高新技术产业占比显著提升。开发区围绕新材料、先进装备制造、生物医药等重点产业引进、培育高新技术企业。开发区高新技术产业产值占比超过50%。

绿色产业逐步成为园区新的经济增长点。开发区高度重视绿色产业培育，并将其作为推动开发区产业结构转型升级的重要方向。在开发区制定的新一轮产业规划定位中，将绿色节能环保产业作为发展重点。提供越来越多的绿色产品。重点发展纳米环境（净化）材料、生物降解材料、废弃物循环利用技术，绿色功能型树脂及涂料、膜分离材料，低成本制备的高吸水性树脂和高分子乳液、工业生物催化剂、高温多孔材料、高效隔热轻质纤维及其织物开发、改性高分子材料、脱硝催化材料等。在推进绿色环保领域新材料发展中，加大外资优质企业的引进，鼓励区内产品方向相似的企业加快向绿色环保方向创新转型，以满足现在及未来国内对绿色环保新材料的大量需求。

再生资源产业发展初具规模。以再生资源回收利用为重点，引进鑫广再生资源有限公司等龙头企业，建立上海市综合性"区域性大型再生资源回收利用基地"，从固体废物回收分拣起步，逐步扩展至电子废物及危险废物的处置利用，已形成综合性的再生资源回收利用体系。企业通过引进国外技术设备，自主研发创新，拟打造以"废旧汽车资源化"为龙头的城市矿山基地。推动发展垃圾发电，培育东石塘再生能源、西源新能源等再生能源企业，采用先进技术，辐射开发区乃至更大范围，利用生活垃圾发电。

布局节能环保装备生产基地。重点发展城乡生活垃圾与农林废弃物处理装备，开发城镇污水处理系统和工业废水成套处理装备，围绕核心技术和关键工艺进行攻关。发展污染气体排放治理、环境智能化监测等领域先进环保技术和设备研发。注重大型化、精细化、成套化资源综合利用技术装备生产研发；以无损拆解、表面预处理等再制造核心技术为突破方向和重点内容，为废弃机电设备、汽车零部件等废旧资源再生利用提供技术支撑。

注重行业龙头企业的引领和带动作用，推动节能环保装备产业集聚化、规模化发展，不断提升园区节能环保产业竞争优势，布局节能环保装备制造业基地建设。

传统产业绿色化改造扎实推进。在大力推进开发区高新技术产业、绿色产业发展的同时，重视传统产业的绿色化改造。以节能、节水、减少"三废排放"、资源综合利用等领域为重点，不断提升传统产业企业绿色化改造水平。

（二）规划为先，引领园区循环化改造

开发区领导高度重视发展循环经济，将循环经济作为园区推进节能减排、提高资源利用效率、优化产业结构的重要抓手。为落实 2017 年 6 月上海市经济和信息化委员会、上海市发展和改革委员会和上海市环境保护局联合发布的《关于进一步加快推进本市园区循环化改造工作的通知》，开发区积极组织人员，研究制定了《杭州湾开发区循环经济园区规划》，分析了园区发展循环经济的基础和问题，制定了园区发展循环经济的总体思路和目标，并提出了园区循环化改造的主要任务和保障措施，以系统的规划引导开发区循环化改造，目标明确，路径清晰，有利于挖掘开发区绿色发展潜力。

在规划中，循环化改造重点突出，内容明确。以"资源效率提升、经济发展和循环体系建设"为核心内容，以"三纵三横六模块"为改造重点，贯彻资源循环高效利用基本原则，实施优先发展项目，不断完善保障措施，开展杭州湾经济技术开发区循环化改造总体建设。

通过加大培训力度提升企业实施清洁生产积极性。企业清洁生产是循环经济小循环的主要内容，是促进园区循环经济发展的重要措施之一。但是，当前

园区企业开展清洁生产主要依靠的是外部驱动力，很多企业不知道什么是清洁生产，也不知道如何开展清洁生产。对于这一情况，园区将企业清洁生产培训及驱动力提升作为推进园区企业清洁生产实施总体框架的重要内容和优先内容，以确保清洁生产工作的顺利开展。

循环经济产业链条初步构建。一是围绕企业间副产品构建循环经济产业链条，针对开发区内的精细化工企业生产过程中产生的副产品，尽可能地在区内实现循环利用，提高资源利用效率和经济效益。二是围绕园区内的工业固废建立废物资源化循环链条。园区一般性固废大致可归结为板材（纸板、木材）、废钢铁和废塑料3类，开发区正在针对这3种固废资源化利用，引入资源化企业，推动实现园区主要固体废物的统一收集处理、资源化利用。对于园区产生的危废，开发区采用产废企业源头减量、建立统一的危废中转中心、引入有资质的危废资源化和最终处置单位等多种形式提升其资源化利用水平和安全处置水平。

注重公共服务平台建设。公共服务平台可以极大地提升企业在获取清洁生产技术、废弃物供需需求等信息方面的效率，降低寻租成本，同时，可以显著提升园区管理效率，降低管理成本。杭州湾经济技术开发有限公司管理层意识到公共服务平台对于园区绿色发展的重要作用，以能效监控平台和绿色发展信息发布、对接平台建设为重点，大力推进公共服务平台的建设步伐，为园区绿色转型升级助力。

实施危废集中处理工程。目前，开发区内拥有较为完善的供水、供电、供热设施，各大企业进行了较为完备的环保管理及清洁生产措施。但是，开发区内还存在危险废弃物处理处置不完善的问题。为配套开发区内精细化工、新材料、生物医药等产业发展，解决园区内危险废物处理处置设施有限和能力不足的问题，依托上海奕茂环境科技有限公司，在杭州湾经济技术开发区内，西邻联合北路、南邻楚华支路、北邻苍工路的地块建设危险废物综合利用处置项目。该项目处理的主要危险废弃物包括油墨、有机溶剂、树脂、涂料、蒸馏残渣等危险废物，以及沾染这些废物的包装物和容器；项目纳入企业涵盖整个杭州湾工业园区及上海其他园区部分企业。

布局可再生能源使用项目。为降低开发区能源强度，逐步提高可再生能源的比重，园区积极开发新能源，推广太阳能、地源热泵、垃圾焚烧发电及余热利用。依托园区内现有生活垃圾处理企业——上海东石塘再生能源有限公司，拓展垃圾发电和供热，提高可再生能源比例；在传统垃圾焚烧发电产生电能用于输送至电网的基础上，推动更高效的垃圾发电供热，产生的热能可以通过输送管道供给周边企业或居民以达到余热的高效利用。同时，督促有余热产生的企业，例如，格瑞夫包装有限公司、上海东石塘再生能源有限公司等，将该类公司产生的余热进行厂内利用，甚至输送至周边用能企业和居民，积极利用余热资源，减少化石能源和电力的消耗。

（三）园区绿色管理规范化程度较高

通过 ISO 14001 环境管理体系认证。开发区通过组织实施并通过 ISO 14001 环境管理体系认证，取得了显著成效。表现为树立开发区形象，提高开发区的知名度；促使开发区及企业自觉遵守环境法律、法规；确保区内企业在其生产、经营、服务及其他活动中考虑各项活动对环境造成的影响，主动减少环境负荷；有利于园区及区内企业获得进入国际市场的"绿色通行证"；增强园区管理人员及企业员工的环境意识；促使企业节约能源，再生利用废弃物，降低经营成本；促使园区加强环境管理，并对环境绩效持续改进。

建立智慧管理平台，推动园区管理向信息化管理、精细化管理模式转变。2018 年，杭州湾开发区按照区委、区政府提出的加快建设智慧园区指示，着手实施智慧园区建设工作。园区智慧平台建设总投资 3000 余万元，设有"走进杭州湾""监控中心""智慧环保""智慧安全""智慧治安""应急指挥""智慧禁毒"七大功能板块。平台建立落户企业基本信息台账，包含企业基本信息、合法合规类基础台账、污染物排放信息台账、重点风险部位信息台账、易制毒化学品管控台账等，将开发区内实业型生产企业信息集合到平台上，实现家底清，克服原来信息种类多、分布散、监管难的短板。

第十七章

绿色工厂

第一节　绿色工厂创建情况

一、绿色工厂的提出背景

绿色工厂，是指全生命周期中环境负面影响小，资源利用率高，实现经济效益和社会效益的优化。绿色工厂是制造业的生产单元，是绿色制造的实施主体，属于绿色制造体系的核心支撑单元，侧重于生产过程的绿色化。加快建设具备用地集约化、生产洁净化、废物资源化、能源低碳化等特点的绿色工厂，对解决制造业环境污染，由点及面引领行业和区域绿色转型，进一步构建高质量绿色制造体系具有重要意义。

制造工厂的生产活动均可归结为在一定的基础设施之上，依据工厂的管理体系要求将能源与资源投入生产制造，输出产品、并造成一定的环境排放的过程，整个过程最终产生总体绩效。绿色工厂应在保证产品功能、质量及制造过程中员工职业健康安全的前提下，引入生命周期思想，满足基础设施、管理体系、能源资源投入、产品、环境排放、绩效的综合评价要求。

二、绿色工厂的评价要求

绿色工厂首先应满足一定的基本要求，包括绿色工厂基础合规性与相关方要求、对最高管理者及工厂的基础管理职责要求等。在此基础上，绿色工厂的建设与评价从工厂基础设施、管理体系、能源与资源投入、产品、环境排放、总体绩效6个维度提出全面系统的要求，包括6个一级指标和25个二级指标。

其中，基础设施、管理体系、能源与资源投入、产品、环境排放包含了绿色工厂创建过程特征的一系列定性或定量指标，其结果是绿色工厂可持续满足要求的保障。总体绩效是表征创建绿色工厂期间所达成的效果的一系列定量指标，按照上述绿色工厂创建原则和目标，以用地集约化、原料无害化、生产洁净化、废物资源化、能源低碳化的可量化特征指标来表示。绿色工厂评价指标，如表 17-1 所示。

表 17-1　绿色工厂评价指标

一级指标	二级指标	具体内容
基础设施	建筑	使用绿色建材、危废间独立设置、绿色建筑结构、室外绿化、可再生能源利用、建筑节能、节水等
	照明	照明分级设计、自然光照明、使用节能灯、分区照明、定时自动调光、感应灯
	设备设施	淘汰落后设备、使用高效节能设备、设备及系统经济运行、使用计量器具并分类计量、投入环保设备
管理体系	一般要求	工厂建立、实施并保持满足 GB/T 19001 的要求的质量管理体系和满足 GB/T 28001 要求的职业健康安全管理体系（必选），并通过第三方认证（可选）
	环境管理体系	工厂建立、实施并保持满足 GB/T 24001 要求的环境管理体系（必选），并通过第三方认证（可选）
	能源管理体系	工厂建立、实施并保持满足 GB/T 23331 要求的能源管理体系（必选），并通过第三方认证（可选）
	社会责任	每年公开发布社会责任报告，说明履行利益相关方责任的情况，特别是环境社会责任的履行情况
能源与资源投入	能源投入	优化用能结构（化石能源、余热余压、新能源、可再生能源）、建设能源管理中心、建有厂区光伏电站、智能微电网
	资源投入	节水、节材、减少有毒有害物质使用、使用可回收材料、减少温室气体的使用
	采购	建立实施绿色采购制度、开展供方绿色评价、采购产品绿色验收
产品	生态设计	引入生态设计的理念、开展产品生态设计、生态设计产品评价
	有害物质使用	有毒有害物质减量化和替代
	节能	终端用能产品高能效（不适用）
	减碳	碳核查、对外公布、改善、低碳产品
	可回收利用	按照 GB/T 20862 计算产品可回收利用率、改善

续表

一级指标	二级指标	具体内容
环境排放	大气污染物	应符合相关国家标准、行业标准及地方标准要求。其中，大气和水体污染物应同时满足区域内排放总量控制要求
	水体污染物	
	固体废弃物	
	噪声	
	温室气体	采用GB/T 32150或适用的标准或规范对其厂界范围内的温室气体排放进行核算和报告（必选）。获得温室气体排放量第三方核查声明，对外公布，利用核算或核查结果对其温室气体的排放进行改善（可选）
总体绩效	用地集约化	容积率、建筑面积、单位用地面积产值（或单位用地面积产能）
	原料无害化	主要物料的绿色物料使用率
	生产洁净化	单位产品主要污染物产生量、单位产品废气产生量、单位产品废水产生量
	废物资源化	单位产品主要原材料消耗量、工业固体废物综合利用率、废水处理回用率
	能源低碳化	单位产品综合能耗、单位产品碳排放量

资料来源：赛迪智库根据公开资料整理

从第七批国家级绿色工厂开始，评价和管理要求发生了以下变化。

一是进一步提高了准入门槛。为发挥绿色工厂节能降碳引领作用，要求重点用能行业能效水平原则上要达到或优于《高耗能行业重点领域能效标杆水平和基准水平（2021年版）》（发改产业〔2021〕1609号）、《煤炭清洁高效利用重点领域标杆水平和基准水平（2022年版）》（发改运行〔2022〕559号）对有关行业规定的标杆值。未规定能效标杆值的行业，原则上要达到或优于相应国家能源消耗限额标准先进值。此外，各地区推荐绿色工厂应与已有绿色工厂绿色制造水平指标进行对标，能效水平等主要指标应优于本地区同行业已有绿色工厂。

二是开始实施动态管理。要求各地区加强对绿色制造名单企业或园区的跟踪指导和动态管理，建立绿色制造水平关键指标定期报送机制，组织绿色制造名单企业或园区每年填报绿色制造动态管理表，并对动态管理表中明确的各项关键指标进行审核，对于绿色制造水平关键指标不符合绿色制造评价要求的，组织进行现场评估，提出动态调整意见报工业和信息化部，工业和信息化部综合评估后对名单进行调整。对于发生安全（含网络安全、数据安全）、质量、环境污染等事故及偷税漏税等（以"信用中国"和"国家企业信用信息公示系统"

为准），要及时上报工业和信息化部，工业和信息化部将从名单中予以剔除。

三是增加了绿色工厂的创建性和低碳性。要求企业填写未来 3 年工厂拟建设的绿色低碳升级改造重点项目情况，测算项目节能、节水、节材、减排、降碳和资源综合利用绩效。要求企业描述工厂在减少碳排放方面的工作计划和减排目标。例如，建立碳排放管理体系，建立健全碳排放核算计量体系，制定专项降碳工作方案，碳减排技术应用，参与碳排放标准制定等。

三、绿色工厂创建成效

"十三五"以来，我国全面推动绿色制造体系建设。截至 2022 年，工业和信息化部已评选出 7 批国家级绿色工厂。第一批 201 家，第二批 208 家，第三批 391 家，第四批 602 家，第五批 719 家，第六批 662 家，第七批 874 家，共计 3657 家。各省（市、自治区）及计划单列市 2022 年度绿色工厂名单数，如图 17-1 所示。

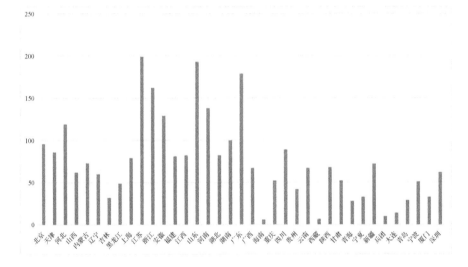

图 17-1　各省（市、自治区）及计划单列市 2022 年度绿色工厂名单数
资料来源：赛迪智库根据公开资料整理

从地域分布来看，东部地区是绿色工厂创建的主阵地，共创建国家级绿色工厂 1876 家，所占全国比例为 51%；中部地区其次，共创建国家级绿色工厂 1086 家，所占全国比例为 30%；西部地区最少，共创建国家级绿色工厂 695 家，所占全国比例为 19%。其中，江苏省、山东省、广东省、浙江省稳居第一梯队，国家级绿色工厂数量超过 200 家，分别为江苏省 249 家、山东省 241 家、广东省 225 家、浙江省 210 家。河南省、安徽省、河北省处于第二梯队，国家级绿色工厂数量均超过 150 家，进入全国前 7 名行列。

从行业分布来看，钢铁、有色金属、石化化工、建材、纺织、轻工、机械等重点行业绿色工厂占比约为 80%。钢铁行业在绿色工厂示范带动作用下，企业纷纷主动加大绿色投入，开展了新一轮的节能环保提标改造，钢铁企业的绿色绩效水平明显提升。石化化工行业在行业内同步开展行业级绿色工厂认定，由行业协会颁发绿色工厂牌照。

从评价标准制定情况来看，各行业积极制定绿色工厂相关标准，绿色工厂相关标准的行业覆盖面更加广泛。截至 2023 年 6 月，各行业共发布绿色工厂相关标准 234 项，同比增长了 50%，其中包括 1 项国家标准、100 项行业标准、16 项地方标准、117 项团体标准。

第二节 绿色工厂典型案例

一、福建中景石化有限公司

福建中景石化有限公司是中国软包装集团于 2010 年投资建设的，它位于福州江阴港城经济区，主要生产双向拉伸聚丙烯薄膜（Biaxially Oriented Polypropylene film，BOPP）、聚丙烯（Polypropylene，PP）等化工产品，配套 10 万吨级液体化工码头和年吞吐 600 万吨 LPG（Liquefied Petroleum Gas，液化石油气）罐区，是全球唯一的从丙烷码头、丙烷、丙烯、聚丙烯、聚丙烯薄膜的完整全产业链 BOPP 企业，享有"世界膜王"之称，2020 年入选国家级第五批绿色工厂名单，2022 年进入中国企业 500 强（排名第 450 位）。

（一）装置规模化、集约化，实现节能降碳

企业所有工艺装置均引进先进的工艺技术，并以规模效应降低单位产品能耗。其中，两套 35 万吨/年聚丙烯装置经过脱瓶颈扩能改造产能提升至 50 万吨/年，聚丙烯产品的能耗从原来的 90 千克标准煤/吨降至约 81 千克标准煤/吨，单套装置每年节约 4500 千克标准煤，在同行中处于领先地位。66 万吨/年

丙烷脱氢装置单位产品能耗约为 480 千克标准煤,低于行业平均值 500 千克标准煤。随着企业全球最大 120 万吨/年聚丙烯装置的投产及后续 90 万吨/年丙烷脱氢装置的建成投产,丙烯及聚丙烯单位产品能耗将进一步降低。2017 年 1 月,福建中景石化有限公司联合郑州大学、中钢集团郑州金属制品研究院股份有限公司、江苏金泰隆机电设备制造厂、兴源轮胎集团有限公司组建联合体,投资超 1.7 亿元,共同建设钢帘线、超精细钢丝产品绿色关键工艺创新和系统集成项目,极大地促进了企业绿色发展。

(二)优化产业链结构,发展循环经济

鉴于碳三产业链在年产 370 万吨聚丙烯及 250 万吨丙烯的同时副产 11 万吨高纯度氢气,并消耗 130 万吨超高压蒸汽,耗费大量能源。企业优化产业链结构,建设碳四产业链。利用碳四产业链中顺酐加氢装置消耗碳三产业链的氢气,利用丁烷氧化制顺酐产生的大量反应热来产生超高压蒸汽提供给碳三产业链使用,完美地利用耦合的优势解决氢气、蒸汽供应、反应热能利用的问题。根据测算,每年可节约 70 万吨煤制氢用煤和 40 万吨供汽标准煤,减少碳排放共计 260 万吨/年。氢气和超高压蒸汽的互供及循环利用创造性地降低了装置能耗。

(三)利用产业链优势,挖潜降碳

企业利用产业链优势,依托集团内的薄膜生产基地,成功实现"面向下游工厂直供粉料",实现降低挤压造粒工序负荷。2021—2022 年,两套聚丙烯装置直供粉料 7.6 万吨,按照每吨粉料造粒需要耗电约 185 千瓦时,节约电量约 1406 万千瓦时,折 1727 吨标准煤。120 万吨/年聚丙烯热塑性弹性体项目投产后每年可直供粉料约 5 万吨,节约电量约 925 万千瓦时,折 1136 吨标准煤。

不断投入重金进行各项节能改造。2022 年,陆续实施了不合格丙烯回收利用改造、超高压及高压锅炉给水泵汽改电技改、新增和特高压蒸汽技改、天然气锅炉燃烧器改造、全场雨水回收利用等十几项改造项目,各项技改工作均达到预期效果,创造效益的同时不断降低产品能耗及碳排放。

(四)创建绿色发展机制,实现全流程绿色制造

企业以 120 万吨/年聚丙烯热塑性弹性体装置为载体,瞄准聚丙烯热塑性

弹性体生产过程中的资源能耗消耗和污染关键节点，大力推动聚合工序无排放开车、催化体系提升、资源回收等重点工序和环节的绿色技术突破，建设一条业内领先的绿色制造示范生产线，实现产品品质全面提升及能耗、水耗和污染物排放全面下降。

建立健全节能降碳管理体制，创建了质量、能源、职业健康安全及环保四合一管理体系。企业编制了企业绿色工厂建设中长期规划、量化的年度目标和实施方案，保障节能资金投入，持续降低产品能耗，实现绿色低碳、节能环保发展。

二、兴业皮革科技股份有限公司

兴业皮革科技股份有限公司（以下简称兴业皮革），是中国天然皮革鞣制行业首家中国制革工业龙头企业、中国民营 500 强企业、福建省百家重点工业企业、福建省创新型企业、国家高新技术企业，是中国皮革行业纳税大户、中国最大鞋面真皮材料提供商之一。兴业皮革成立于 1992 年，总部位于福建省晋江市安海第二工业区，注册资本为 30208.2162 万元，2018 年企业营业收入为 15.45 亿元。拥有坐落在晋江市安海镇第二工业园的总部和安海事业部、晋江市东石镇安东工业园的安东事业部，具有年生产上亿平方英尺（1 平方英尺=0.09290304 平方米）成品革的生产能力。

兴业皮革专注于中高端牛头层皮产品研发、生产与销售，主导产品有纳帕、自然摔、中小全粒面革、油蜡、压花皮、印花皮、雪花皮、蜡变皮、防水皮和特殊效应革等系列，广泛应用于皮鞋、箱包、皮具、真皮家具等制造领域。凭借强大的技术研发、生产制造、人才储备、经营管理和客户服务实力，以及在"市场导向，科技创新，环保优先，品质保证"等价值链全方位实践的兴业皮革已成为众多国内外知名品牌的重要战略合作伙伴，是康奈、奥康、百丽、红蜻蜓、木林森百丽、森达、红蜻蜓、迪桑娜、香港时代、利郎、万里马、际华集团、地素时尚、宝姿、红谷、PRADA（普拉达）、BALLY（巴利）等多个国际国内名牌皮鞋的主要供应商，鞋面用天然皮革材料市场占有率稳居国内第一，是中国《绿色之星》产品优秀企业。"兴业皮革"品牌获得了"真皮标志，生态皮革"授牌。

近年来，兴业皮革先后获得了行业协会、地方政府等一系列表彰。2015 年，兴业皮革获得中国轻工业联合会科学技术进步奖一等奖和中国轻工业企业创新成果三等奖；2016 年，兴业皮革获得第六届段镇基科技进步二等奖和晋江市科技进步二等奖。目前，兴业皮革已申请专利 98 项，其中发明专利 71 项；获得专利授权 61 项，其中发明专利 35 项；累计研发出新技术 30 余项，开发出 50 多个新产品，其中大部分实现产业化，形成了"尊重创新、崇尚创新"的氛围。

兴业皮革在绿色发展方面，始终牢记"环境友好、资源节约"的社会责任，以"环保优先"作为公司核心竞争优势之首，成为福建省首家通过清洁生产验收的工业企业，先后获得中国皮革协会的"节能减排环保创新奖"（2008）、环境保护杂志社"环境保护优秀企业"（2013）等多项环保类奖项。兴业皮革还在绿色工厂建设方面开展了一系列工作，主要创建做法及工作亮点包括以下几方面。

（一）绿色发展理念

兴业皮革积极推行品牌战略，突出"绿色皮革"理念，并将研发平台建设、强势品牌建设和企业文化建设相结合，教育全体员工树立品牌意识，不断加强品牌建设，提升公司三大系列高档头层牛皮革的品牌形象。兴业皮革制定了全新的兴业科技品牌发展战略"创新、高端、绿色、智造"；于 2015 年制定了《兴业科技品牌建设方案》，该方案确定了公司品牌建设的指导思想，建立了以董事长为主任的品牌建设委员会，设立了品牌经理，确定了建设目标和品牌定位，采取了多种形式打造品牌，如产品建设网站、广告宣传、新闻宣传、学术推介、活动策划、渠道拓展等。通过两年的品牌建设，兴业皮革的"绿色皮革"理念逐步深入人心，其产品理念和企业文化与消费者下游客户产生了"共鸣"，赢得了广大客户的逐步认同甚至青睐。

（二）注重物料平衡分析

兴业皮革从影响生产过程的原辅材料和能源的输入、技术工艺、设备、过程控制、产品、废物、管理、员工等方面，对工艺流程中每一操作环节进行深入的分析和讨论，找出物料和能源损失的部位、环节，根据物料平衡结果并结合现场审核中发现的问题，对目前废弃物产生原因和能源消耗等根据其生产流程做了系统分析、改善和预防。

（三）绿色制造创新团队

兴业皮革组建了 6 个绿色制造创新团队，主要研究牛鞋面革的绿色设计与制造技术、绿色鞣前准备与鞣制技术、绿色湿态染整技术、绿色干态整饰技术、绿色皮革化学品及其应用技术、绿色制革创新方法研发。近年来，创新团队承担的与绿色制造相关的项目包括：锆—铝—钛配合鞣剂鞣革技术体系及其固体废弃物资源化关键技术（福建省区域发展项目）；黄牛鞋面革粒面平细化关键技术研发、基于工业机器人辅助的制革染整自动化生产线的建设（兴业科技重大研发项目）；环保型低碳牛皮制革体系的研究（福建省创新方法试点企业依托项目）。

（四）积极推行智能制造技术

兴业皮革正在实施智能制造技术项目，该项目的实施可以通过引进高端国产制革装备，提高制革核心装备的智能化水平，完善智能制造设备层，为皮革智能制造新模式应用打好硬件基础。提高制革物流运输效率。引进AGV（Automated Guided Vehicle，自动导向车），RFID（Radio Frequency IDentification，射频识别）技术和物联网技术对生产现场的材料、半成品、成品进行高效运输，可实现生产现场的可视化管理。研究智能感知技术，实现对工艺参数、化料吸收率、转鼓中 pH 值、温度等的实时监控，以此保证产品质量的稳定，同时减少工艺过程中废水废料的排放。

第十八章

绿色供应链

2022 年，绿色供应链管理企业评价工作更加精细化科学化，已经发布了绿色供应链管理评价指标的行业，并根据本行业评价指标进行评价。行业和企业参与绿色供应链创建的积极性进一步提高，超百家企业入选第七批绿色供应链管理企业名单。在核心链主企业的引领带动下，供应链上企业绿色发展的水平不断提升。

第一节　2022 年国家绿色供应链创建情况

2022 年 9 月，工业和信息化部发布了《关于开展 2022 年度绿色制造名单推荐工作的通知》，要求各地方按照《工业和信息化部办公厅关于开展绿色制造体系建设的通知》（工信厅节函〔2016〕586 号）明确的推荐程序，按照"优中选优、宁缺毋滥"的原则，组织本地区企业开展申报工作，遴选确定本地区包含绿色供应链管理企业为建设内容之一的绿色制造推荐名单，这也是自 2016 年启动绿色制造体系建设以来开展的第七批遴选。

一、第七批绿色供应链管理企业评价标准新变化

在 2022 年 9 月发布的绿色制造名单推荐工作的通知中，明确要求 3 个行业（电子电器、机械、汽车）根据 2019 年已经发布的《电子电器行业绿色供应链管理企业评价指标体系》《机械行业绿色供应链管理企业评价指标体系》《汽车行业绿色供应链管理企业评价指标体系》进行自评价和第三方评价。其他暂时没有对应行业评价指标体系的行业，仍然参照《工业和信息化部办公厅

关于开展绿色制造体系建设的通知》（工信厅节函〔2016〕586号）附件3绿色供应链管理评价要求设定的指标体系进行评价。

二、第七批绿色供应链管理企业入选情况

工业和信息化部公布的2022年第七批绿色供应链管理企业共112家，覆盖21个省（自治区、市），其中入选的有北京2家企业、天津7家企业、山西1家企业、辽宁1家企业、黑龙江1家企业、上海3家企业、江苏9家企业、浙江19家企业、安徽7家企业、福建9家企业、山东7家企业、河南9家企业、湖北2家企业、湖南8家企业、广东18家企业、重庆3家企业、四川1家企业、贵州2家企业、西藏1家企业、陕西1家企业、青海1家企业。第七批国家级绿色供应链管理示范企业名单如表18-1所示。

表18-1　第七批国家级绿色供应链管理示范企业名单

序号	地区	企业名称	序号	地区	企业名称
1	北京	国家电网有限公司	21	江苏	天合光能股份有限公司
2	北京	曲美家居集团股份有限公司	22	江苏	江苏大中电机股份有限公司
3	天津	一汽-大众汽车有限公司天津分公司	23	江苏	旷达汽车饰件系统有限公司
4	天津	天津中车唐车轨道车辆有限公司	24	江苏	江苏久诺新材料科技股份有限公司
5	天津	可耐福新型建筑系统（天津）有限公司	25	浙江	乐歌人体工学科技股份有限公司
6	天津	天津军星管业集团有限公司	26	浙江	西子电梯科技有限公司
7	天津	海洋石油工程股份有限公司	27	浙江	浙江大元泵业股份有限公司
8	天津	TCL环鑫半导体（天津）有限公司	28	浙江	德玛克（长兴）注塑系统有限公司
9	天津	瀚洋重工装备制造（天津）有限公司	29	浙江	卫星化学股份有限公司
10	山西	大同市中银纺织科技有限公司	30	浙江	宁波信泰机械有限公司
11	辽宁	华晨宝马汽车有限公司	31	浙江	浙江力聚热能装备股份有限公司
12	黑龙江	佳木斯电机股份有限公司	32	浙江	浙江乔治白服饰股份有限公司
13	上海	上海上药第一生化药业有限公司	33	浙江	人民电器集团有限公司
14	上海	上海永锦电气技术股份有限公司	34	浙江	恒林家居股份有限公司
15	上海	扬子江药业集团上海海尼药业有限公司	35	浙江	利欧集团浙江泵业有限公司
16	江苏	约克（无锡）空调冷冻设备有限公司	36	浙江	浙江东通光网物联科技有限公司
17	江苏	江苏亨通电力电缆有限公司	37	浙江	达利（中国）有限公司
18	江苏	三星电子（苏州）半导体有限公司	38	浙江	桐昆集团股份有限公司
19	江苏	格力博（江苏）股份有限公司	39	浙江	湖州珍贝羊绒制品有限公司
20	江苏	常州旭荣针织印染有限公司	40	浙江	沃克斯迅达电梯有限公司

续表

序号	地区	企业名称	序号	地区	企业名称
41	浙江	杭州中能汽轮动力有限公司	77	湖北	武汉动力电池再生技术有限公司
42	浙江	浙江天杰实业股份有限公司	78	湖南	山河智能装备股份有限公司
43	浙江	贝发集团股份有限公司	79	湖南	长沙开元仪器有限公司
44	安徽	联宝（合肥）电子科技有限公司	80	湖南	湖南联诚轨道装备有限公司
45	安徽	洽洽食品股份有限公司	81	湖南	湘潭电机股份有限公司
46	安徽	瑞泰马钢新材料科技有限公司	82	湖南	中车株洲电机有限公司
47	安徽	联合利华（中国）有限公司	83	湖南	三一汽车起重机械有限公司
48	安徽	安徽科蓝特铝业有限公司	84	湖南	湖南宇晶机器股份有限公司
49	安徽	志邦家居股份有限公司	85	湖南	北京汽车股份有限公司株洲分公司
50	安徽	安徽丰原生物技术股份有限公司	86	广东	珠海格莱利摩擦材料股份有限公司
51	福建	福建杜氏木业有限公司	87	广东	清远敏惠汽车零部件有限公司
52	福建	福建晋工机械有限公司	88	广东	广东美的暖通设备有限公司
53	福建	阳光中科（福建）能源股份有限公司	89	广东	佛山市金银河智能装备股份有限公司
54	福建	厦门强力巨彩光电科技有限公司	90	广东	广东伊之密精密注压科技有限公司
55	福建	厦门亿联网络技术股份有限公司	91	广东	珠海市润星泰电器有限公司
56	福建	宁德时代新能源科技股份有限公司	92	广东	日立电梯电机（广州）有限公司
57	福建	福建福田纺织印染科技有限公司	93	广东	广东豪美新材股份有限公司
58	福建	漳州众环科技股份有限公司	94	广东	深圳市共进电子股份有限公司
59	福建	通亿（泉州）轻工有限公司	95	广东	珠海许继电气有限公司
60	山东	青岛海尔空调电子有限公司	96	广东	海能达通信股份有限公司
61	山东	青岛海尔（胶州）空调器有限公司	97	广东	美律电子（深圳）有限公司
62	山东	烟台中集来福士海洋工程有限公司	98	广东	深圳市泰衡诺科技有限公司
63	山东	威海拓展纤维有限公司	99	广东	广州环亚化妆品科技股份有限公司
64	山东	腾森橡胶轮胎（威海）有限公司	100	广东	广东金正大生态工程有限公司
65	山东	山东阳谷华泰化工股份有限公司	101	广东	维谛技术有限公司
66	山东	山东鲁软数字科技有限公司	102	广东	广东新亚光电缆股份有限公司
67	河南	驻马店中集华骏车辆有限公司	103	广东	广东中宝电缆有限公司
68	河南	许昌远东传动轴股份有限公司	104	重庆	重庆长安汽车股份有限公司
69	河南	河南恒星科技股份有限公司	105	重庆	重庆美的通用制冷设备有限公司
70	河南	河南省鼎能实业有限公司	106	重庆	旭硕科技（重庆）有限公司
71	河南	许继电气股份有限公司	107	四川	通威太阳能（眉山）有限公司
72	河南	河南通达电缆股份有限公司	108	贵州	贵州正和天筑科技有限公司
73	河南	中航锂电（洛阳）有限公司	109	贵州	天能集团贵州能源科技有限公司
74	河南	奇瑞汽车河南有限公司	110	西藏	西藏藏医学院藏药有限公司
75	河南	河南省矿山起重机有限公司	111	陕西	比亚迪汽车有限公司
76	湖北	双桥（湖北）有限公司	112	青海	黄河鑫业有限公司

三、7 批绿色供应链管理企业创建情况的比较

从 2016 年开始至 2023 年，共开展了 7 批绿色供应链管理企业示范。比较 7 批企业的创建实践情况，总体来看，两个特点非常突出。

一是绿色供应链管理企业的行业覆盖范围越来越广。第一批、第二批绿色供应链管理企业所属行业范围共 4 个行业，涵盖汽车、电子电器、通信及大型成套装备机械。第三批、第四批绿色供应链管理企业所属行业范围拓展到 7 个行业，增加了航空航天、纺织服装、建材 3 个行业。第五批与前 4 批相比，行业覆盖范围进一步扩大到 13 个行业，增加了船舶、轻工、食品、医药、电子商务、快递包装 6 个行业。第六批增加到 14 个行业，增加的行业是电力装备。第七批取消了行业限制，所有行业的企业都可以创建申报绿色供应链管理企业。

二是参与绿色供应链管理创建申报的企业逐年增加。从已经入选被公布的企业名单来看，绿色供应链管理企业数量逐年创新高，从第六批开始破百家纪录。第一批企业数量 15 家，第二批企业数量 4 家，第三批企业数量 21 家，第四批企业数量 50 家，第五批企业数量 99 家，第六批企业数量 107 家，第七批企业数量 112 家，七批共计 408 家。

第二节　IPE 发布 2022 年绿色供应链 CITI 指数

一、绿色供应链 CITI 指数简介

公众环境研究中心（Institute of Public and Environment Affairs，IPE）发布了绿色供应链 CITI 指数 2022 年度报告。绿色供应链 CITI 指数最早于 2014 年由 IPE 和自然资源保护协会（Natural Resources Defense Council，NRDC）合作研发。CITI 指数以品牌企业为评估对象，对 5 个方面进行了评估，这 5 个方面分别是透明与沟通、合规性与整改行动、延伸绿色供应链、节能减排和责任披露。CITI 指数重点关注供应链，特别是产品生产和上下游运输环节对环境和气候的影响，以及企业如何推动供应商提升环境表现，降低温室气体排放，开展环境和碳信息披露、构建与利益方的信任。2022 年，CITI 指数参评的行业数量 20 个，比 2014 年首次评价时行业数量增加了 12 个；参评的企业数量 650 家，比 2014 年增加了 503 家。在连续 9 年的绿色供应链 CITI 指数动态评价过程中，参评行业和企业数量逐年增加。

二、2022 年绿色供应链 CITI 指数排名

2022 年 CITI 评价结果中，排在首位的品牌是 Levi's，前 10 位的品牌除了 Levi's，依次还有 INDITEX、阿迪达斯、New Balance、马莎百货、C&A、耐克、思科、威富公司、Primark。

在被评价的 20 个行业中，IT/ITC、零售、纺织与皮革行业相对领先，最高分、平均分及在 2022 年 TOP50 中的占比均明显高于其他行业，但两极分化更为明显，同行业企业之间分数差距较大。进入 TOP50 的，还有日化、汽车零部件、家电、汽车、食品饮料、纸业的最高分企业，但这些行业整体仍有较大完善提升空间。乳制品、化工、房地产行业的最高分企业在 2022 年未能进入 TOP50。医药、玩具、啤酒、白酒和自行车/助力车行业与上升行业的差距正在逐渐拉大，亟待加速追赶。区域比较中，CITI 指数得分表明，欧洲和北美地区的参评企业在绿色供应链管理上起步较早，整体表现相对领先；亚太地区（除大中华区）参评企业的平均水平与欧洲、北美地区的差距微弱，但最高分与其他区域的差距较为明显。大中华区高分企业，特别是富士康、鹏鼎控股、立讯精密、华为、联想、李宁等紧追北美地区和欧洲，但区域平均水平仍与其他 3 个区域有较大差距，需要持续提升。

三、从 CITI 指数看 2022 年绿色供应链发展变化

在 2022 年度 CITI 指数评价中得到高分的品牌企业，都能够做到 5 点：一是借助环境大数据提升管理效率，更全面地管控在华供应链环境风险，推动在华供应商实现环境合规；二是以产品生命周期环境合规为目标，向更加上游的高耗能、高排放环节延伸环境和碳管理；三是借助数字化工具，推动供应商核算并披露环境和碳数据，形成超越合规要求的持续改进；四是引导和激励供应商管控自身供应链的环境表现和温室气体排放；五是积极与利益方沟通交流，通过信息充分公开与利益方建立信任关系，不断提升供应链管理的透明度和可信度。

第三节　绿色供应链典型案例

企业积极参与创建绿色供应链管理企业的过程中，涌现出一批绿色供应链

管理优秀示范企业，这些企业充分发挥供应链上龙头企业的作用，遵循产品全生命周期理念，在绿色设计、绿色采购与供应商管理、产品回收再利用、生产者责任延伸等方面形成了许多行之有效的亮点做法，有力带动了全行业的绿色发展，提升了供应链上整体的环境绩效。

一、通威太阳能（眉山）有限公司

（一）公司概况

通威太阳能（眉山）有限公司隶属通威集团有限公司，是通威股份有限公司旗下通威太阳能（合肥）有限公司的全资子公司，位于四川省眉山市甘眉工业园区，成立于 2019 年 2 月，是一家集光伏先进制造技术和光伏应用研发、生产、销售于一体的光伏产业龙头企业，2022 年入选国家绿色供应链管理企业。通威太阳能（眉山）有限公司一期总投资为 25 亿元，有 16 条大尺寸高效 PERC 太阳能电池智能制造综合生产线。二期总投资为 24 亿元，新建 16 条全封闭的智能制造高效晶硅电池片自动化生产线，均由自动抓取的机械臂、智能运输机器人组成，全部生产大尺寸电池片。企业注重自主创新，在多种产品关键技术上都有专利，截至 2022 年 6 月已获得授权知识产权 117 项，其中发明专利 3 项、实用新型 111 项、外观设计 3 项，已成为全球光伏行业工艺技术和生产线比较先进、自动化和智能化程度领先、量产转换效率较高、节能环保绿色化程度较高的晶硅电池生产基地。

（二）主要亮点工作

牢牢抓住技术创新的"牛鼻子"推动供应链末端产品绿色化。太阳能电池片是整个晶体硅光伏产业链中实现光电转换最为核心的环节，通威太阳能（眉山）有限公司将自主研发能力作为核心竞争力，不断加大研发投入，着力推动产品技术创新，突破关键核心技术。企业在原子层沉积背钝化、选择性发射极工艺、双面电池、多主栅、TOPCON 电池、高效组件等核心技术领域形成了具有自主知识产权的多项技术成果，主要产品 210 电池转换效率超过 23.4%，经第三方评价中心评估整体达到国内领先水平。

将信息技术与绿色供应商管理深度融合，建设了完善的供应商管理信息系统。通威太阳能（眉山）有限公司发挥信息化的优势，以信息化带动供应商管理的制度化、规范化、标准化，建设了供应商管理信息系统，所有与供应商管理相关工作都在系统上开展进行，提升了供应商管理工作的效率和准确度。

建立了供应链商绿色信息的披露机制。除了由通威集团有限公司每年在年报上环境责任篇披露企业节能减排的相关信息，通威太阳能（眉山）有限公司还在官网上定期披露上一年度绿色供应链上的绿色采购、供应商管理、有害物质在供应链中的流向、温室气体排放和产品碳足迹等关键信息，推动供应链上信息透明化和供应链绿色化水平的不断提升。

推动供应链上包材循环化利用。通威太阳能（眉山）有限公司是首家提出"循环包装走进光伏领域"这一理念的企业，它将国内汽车制造业零部件供应链共享包装理念植入太阳能光伏运营场景，将循环包装融入电池片防护、包装、仓储及运输环节。

二、徐工集团

（一）集团概况

徐工集团前身是于 1943 年创建的八路军鲁南第八兵工厂，是中国工程机械产业奠基者和开创者。徐工集团是我国工程机械行业规模宏大、产品品种与系列齐全，并且极具竞争力、影响力和国家战略地位的千亿级企业，是中国装备制造业的一张响亮名片。公司产品囊括了土方机械、起重机械、桩工机械、混凝土机械、路面机械五大支柱产业，以及矿业机械、高空作业平台、环境产业、农业机械、港口机械、救援保障装备等战略新产业，下辖主机、贸易服务和新业态企业 60 余家。2019 年入选国家绿色供应链管理企业。

（二）主要亮点工作

严把供应商准入关。每年有近 200 家企业申请成为徐工集团的新供应商，经过徐工集团层层筛选后通过的不到 20%。选择供应商中权重非常高的就是供应商的"绿色指标"，徐工集团将环评资质、危废处置、循环工装使用等多个大项，还有许多细化小项，如严格控制重金属含量，尤其是铅、汞、镉等指标都纳入供应商准入考核。徐工通过设置绿色准入门槛和绿色采购标准，倒逼供应链上企业绿色生产，实现供应商准入绿色化，从源头严格控制污染。

开展对供应商的常态化培训。随着国家对绿色低碳环保政策要求越来越严格，徐工集团对绿色环保的关注度也越来越高，为此，徐工集团制订了"供应链同盟军减排行动"等多项计划，组织绿色培训，共享节能减排技术经验，并对供应商"三废"纳入统一管理、统一信息披露。徐工集团每年面向供应商开展各类绿色培训 10 余次，自开展绿色供应链建设 5 年来，徐工集团累计联动供应商企业攻关绿色工艺 72 项，节能效益超 5000 万元；指导供应商资源回收再利用，年均节约成本超 300 万元。徐工集团通过引领绿色发展观念、传递先进技术经验，为供应链绿色协同赋能。

供应商绩效考核引入绿色指标。徐工集团建设了数字化供应链平台，从质量、成本、交付等维度对供应商进行考核，每报告一次问题扣掉相应分数，供应商获得绿色工厂称号、通过环评体系认证等可以加分。按照 90 分、80 分、70 分划档，将供应商分为不同类型。对考核结果多年保持优秀的供应商，徐工集团逐渐加大采购比例。在徐工集团的带领下，供应商企业积极开展绿色工艺革新及绿色精益制造。徐工集团通过供应商管理在供应链中融入绿色发展理念，打造产业发展的绿色生态。

第十九章

绿色产品

　　绿色设计是按照全生命周期的理念，在产品设计开发阶段系统考虑原材料选用、生产、销售、使用、回收、处理等各个环节对资源环境造成的影响，力求产品在全生命周期中最大限度地降低资源消耗，尽可能地少用或不用含有有毒有害物质的原材料，减少污染物产生和排放，实现资源环境影响最小。研究表明，产品全生命周期 80% 的资源环境影响和 90% 的制造成本取决于产品设计阶段。大力推行工业产品生态设计，是实现产品绿色化的最佳途径之一，也是提高产品附加值的重要手段，更是推动绿色生产消费模式、提升产品竞争力的客观要求。与此同时，我国绿色设计产品标准体系日益完善，推动绿色设计产品评价工作，绿色设计产品市场化推广取得一定成效，典型行业产品绿色设计路线更加明晰。

第一节　绿色设计产品标准

　　绿色设计产品标准是开展绿色设计产品评定的前提条件。绿色设计产品标准化对象是产品全生命周期（即从产品设计开发到原材料选用、生产、销售、使用、回收、处理、再生利用等各个环节）最大限度地降低资源能源消耗，尽可能地少用或不用含有有毒有害物质的原材料，减少污染物产生和排放的绿色产品。绿色设计产品评价指标体系主要包括资源属性、能源属性、环境属性、产品属性 4 个方面。

　　目前，绿色设计产品标准体系初步建立，基本构建了工业领域从基础原材料到终端消费品全链条的绿色设计产品标准体系，并建立标准采信、绿色设计产品评价的动态管理机制。后续将进一步完善机制，推动绿色设计产品与绿色产品的统一。2022 年 9 月，工业和信息化部对绿色设计产品标准清单进行了更新。清单中采信了 161 项绿色设计产品标准，除《生态设计产品评价通则》和《生态设计产品标识》外，其余 159 项标准分布在石化行业（29 项）、钢铁行业（26 项）、有色行业（23 项）、建材行业（10 项）、机械行业（30 项）、轻工行业（15 项）、纺织行业（20 项）、通信行业（3 项）及包装（3 项）行业。具体标准覆盖了基础原材料、零部件、中间产品及整机产品等。其中，新增纳入清单的标准有 33 项，绿色设计产品标准清单如表 19-1 所示。

表 19-1 绿色设计产品标准清单

序号	标准名称	标准编号
1	《绿色设计产品评价技术规范 碳酸钠（纯碱）》	HG/T 5978—2021
2	《绿色设计产品评价技术规范 二氧化钛》	HG/T 5983—2021
3	《绿色设计产品评价技术规范 电子电气用胶粘剂》	T/CPCIF 0155—2021
4	《绿色设计产品评价技术规范 卫生用品用胶粘剂》	T/CPCIF 0156—2021
5	《绿色设计产品评价技术规范 氯化聚乙烯》	T/CPCIF 0189—2022
6	《绿色设计产品评价技术规范 离子型稀土矿产品》	XB/T 804—2021
7	《绿色设计产品评价技术规范 稀土火法冶炼产品》	XB/T 805—2021
8	《绿色设计产品评价技术规范 电解铝》	T/CNIA 0075—2021
9	《绿色设计产品评价技术规范 精细氧化铝》	T/CNIA 0076—2021
10	《绿色设计产品评价技术规范 锡锭》	T/CNIA 0082—2021
11	《绿色设计产品评价技术规范 锌锭》	T/CNIA 0083—2021
12	《绿色设计产品评价技术规范 钛锭》	T/CNIA 0084—2021
13	《绿色设计产品评价技术规范 碳酸锂》	T/CNIA 0087—2021
14	《绿色设计产品评价技术规范 氢氧化锂》	T/CNIA 0088—2021
15	《绿色设计产品评价技术规范 硬质合金产品》	T/CNIA 0095—2021
16	《绿色设计产品评价技术规范 水泥》	JC/T 2642—2021
17	《绿色设计产品评价技术规范 汽车玻璃》	JC/T 2643—2021
18	《绿色设计产品评价技术规范 纸面石膏板》	T/CBMF 124—2021
19	《绿色设计产品评价技术规范 在线 Low-E 节能镀膜玻璃》	T/CBMF 153—2021
20	《绿色设计产品评价技术规范 陶瓷片密封水嘴》	T/CBMF 159—2021
21	《绿色设计产品评价技术规范 一般用途轴流通风机》	T/CMIF 120—2020
22	《绿色设计产品评价技术规范 液压挖掘机》	T/CMIF 139—2021
23	《绿色设计产品评价技术规范 一般用喷油回转空气压缩机》	T/CMIF 157—2022
24	《绿色设计产品评价技术规范 手动牙刷》	T/CNLIC 0061—2022
25	《绿色设计产品评价技术规范 真空杯》	T/CNLIC 0063—2022
26	《绿色设计产品评价技术规范 瓦楞纸板和瓦楞纸箱》	T/CPF 0022—2021
27	《绿色设计产品评价技术规范 无溶剂不干胶标签》	T/CPF 0025—2021

续表

序号	标准名称	标准编号
28	《绿色设计产品评价技术规范 针织服装》	FZ/T 07010—2021
29	《绿色设计产品评价技术规范 化纤长丝织造产品》	T/CNTAC 77—2021
30	《绿色设计产品评价技术规范 牛仔面料》	T/CNTAC 78—2021
31	《绿色设计产品评价技术规范 再生纤维素纤维本色纱》	T/CNTAC 80—2021
32	《绿色设计产品评价技术规范 氨纶》	T/CNTAC 95—2022
33	《绿色设计产品评价技术规范 粘胶纤维》	T/CNTAC 96—2022

资料来源：工业和信息化部

依托绿色设计产品评价标准，2022 年，工业和信息化部开展了绿色设计产品评价工作，并遴选出 643 个绿色设计产品，纳入 2022 年度绿色制造名单中。

第二节 绿色设计示范企业

2022 年 4 月，工业和信息化部办公厅发布《关于组织推荐第四批工业产品绿色设计示范企业的通知》（工信厅节函〔2022〕80 号），重点支持电子电器、纺织、机械装备、汽车及配件、轻工等行业企业，围绕轻量化、低碳化、循环化、数字化等重点方向开展绿色设计，探索行业绿色设计路径，推动全链条绿色产品供给体系建设，带动产业链、供应链绿色协同升级。经过企业自评估、地方工业和信息化主管部门（或中央企业）推荐、专家评审、网上公示等程序，确定并公布了 99 家企业成为第四批工业产品绿色设计示范企业。经过几年的示范创建，工业企业绿色设计创新开发能力和管理水平正不断提升，绿色产品供给能力和市场影响力正不断增强。

目前，工业和信息化部办公厅已印发《关于组织推荐第五批工业产品绿色设计示范企业的通知》（工信厅节函〔2023〕73 号），启动了第五批工业产品绿色设计示范企业申报遴选工作：聚焦生态环境影响大、产品（服务）涉及面广、产业关联度高的行业，遴选一批示范引领性强的"绿色设计+制造（服务）"型示范企业，引导企业持续提升绿色产品（服务）供给能力和市场影响力。"绿色设计+制造"方面，重点支持电子电器、纺织、机械装备、汽车及配件、轻工、医药等行业企业，围绕轻量化、低碳化、循环化、数字化等重点方向加大绿色设计推行力度。"绿色设计＋服务"方面，重点支持服务性制造领域的龙头骨干企业，围绕绿色产品设计开发、绿色产品制造技术改进、产品生命周期管理、供应链管理、检验检测与认证、节能减污降碳集成应用等开展高质量服务。

第三节　绿色设计典型案例

一、湖州珍贝羊绒制品有限公司

湖州珍贝羊绒制品有限公司是一家主要生产经营羊绒衫、羊绒纱、丝绒衫、羊绒大衣等高端羊绒产品的企业，被授予工业产品绿色设计示范企业、国家高新技术企业、浙江省隐形冠军、浙江省绿色低碳工厂等荣誉称号，2020 年度碳效评价为低碳 1 级。30 多年来，企业深耕羊绒市场，倡导"绿色、环保、健康"的发展理念，多措并举落实减碳降耗。

一是注重绿色设计。通过产学研合作搭建省级企业研究院、省级企业研发中心、省级企业技术中心、省级企业设计中心等技术平台，开发并利用羊绒低温染色、智能配色、羊绒无染料显色加工等绿色新技术新工艺，致力于生产"不扎身、不变形、不褪色、不易起球"的优质绿色产品。2003 年，在羊绒行业全国首家通过"中国环境标志产品"认证；2018 年，"无染色系列羊绒衫"在羊绒行业首批通过"中国绿色产品"认证。相关技术获得国家专利授权 20 多项，并积极主持、参与制定各级标准 10 余项，企业被工业和信息化部授予"工业产品绿色设计示范企业"称号，"珍贝"牌羊绒衫、丝绒衫、羊绒纱等多个大类产品获评为"绿色设计产品"。

二是引入并积极践行生命周期理念。先后建立并运行 ISO9001、ISO14001、ISO45001 管理体系，建立能源管理机制，打造产品全生命周期质量可追溯系统，工艺上坚持使用进口环保材料，生产过程中不添加荧光剂、柔软剂，形成了绿色、稳定的供应链管理生态。

三是落实节能减碳改造。建设约 1 万平方米的屋顶光伏电站，年发电量为82 万千瓦时，年可减碳 576.88 吨；积极利用余热，对蒸汽冷凝水等进行收集再利用，提高能源利用效率；开展温室气体排放核查与产品碳足迹评价，落实减碳措施，节约成本。近年来，企业单位产品能耗和产值能耗连续下降，碳排放强度逐年下降。

四是发展智能制造。引进全成型电脑横机设备，打造 3D 全成型羊绒服装生产线，生产工艺无拼缝、无裁边、无废料，大大节约原材料、能源资源、人力消耗。新上 MES（Manufacturing Execution System，制造执行系统）、在线检测系统、生产大数据监测分析中心等，打通 ERP 实时协同，以数据驱动制造，建成数字化、智能化生产车间，生产效率提升 25%以上。

二、浙江金洲管道科技股份有限公司

浙江金洲管道科技股份有限公司，主营高品质石油天然气输送管道和新型绿色民用管道，先后获评国家级绿色工厂、工业产品绿色设计示范企业、浙江省工业行业龙头骨干企业等。企业以单位产品能耗为 KPI（Key Performance Indicator，关键绩效指标），提高能源综合利用效率，主导产品钢塑复合管材管件被工业和信息化部评为"绿色设计产品"，产品产量、市场份额、销售收入和利税等指标在全国同行业中名列前茅，其主要做法如下。

一是制修订绿色设计产品评价技术规范，推广绿色设计理念和方法。企业主持起草了《绿色设计产品评价技术规范 钢塑复合管》《绿色设计产品评价技术规范 给排水涂覆钢管》等标准，规范绿色系列产品设计和工艺控制，提升行业绿色发展意识。

二是持续实施技术革新，降低产品单位能耗。焊管机组通过冷切锯改造、加强工艺控制提升焊接速度、推行扫码入库等，优化了生产环节，降低了电能消耗；热浸镀锌管产品针对不同规格产品，提升产品工位，并匹配更大容量的锌锅，机组运行效率大幅得到提高，单位产品的能耗也大幅下降。

三是使用循环用水，提高资源利用效率。焊管车间、衬塑车间的冷却水已全部实现循环使用，根据水质硬度较大的问题，进行加药沉淀，再采用专业设备对沉淀物进行过滤、收集处理，最终达到循环水脱硬与脱盐后净化回用的目的。

四是推广清洁能源，利用太阳能发电。企业在新项目建设中，与贝盛光伏开展合作，在厂房顶部装设了太阳能发电装置，利用太阳能光电技术进行发电，并优先用于企业自身生产，提升了绿色用电比率，目前共建有 9.5 毫伏光伏并网电站，年均发电量约 950 万千瓦时，促进了节能降耗、节约成本。

展望篇

第二十章

主要研究机构预测性观点综述

第一节　政府间气候变化专门委员会（IPCC）：工业领域深度脱碳是减缓气候变化的重要组成部分

2022 年 4 月，IPCC 第六次评估报告（AR6）第三工作组报告发布，在工业章节对工业领域温室气体的排放现状、未来趋势与减排需求、主要减排措施、相关政策等进行了全面评估，系统诠释了近年来工业领域节能降碳的最新研究进展，更为强调能耗与碳排放密集型的原材料工业如何减排及以净零排放为目标的关键措施。

一、工业领域温室气体排放现状与趋势

2011—2019 年，工业领域温室气体排放总量（包括直接排放与间接排放）年均增速为 1.32%，但依然是 2000 年以来排放增长较快的领域，其增量占 21 世纪以来排放增长的近一半（45%）。各种原材料产量的不断上升是工业部门排放增长的主要原因。2000 年以来，全球材料使用强度（单位 GDP 的材料使用量）年均增长约 3.4%。

为了实现全球 2℃乃至 1.5℃温升控制目标，扭转工业部门排放持续增长，并推动排放快速下降刻不容缓。情景模拟结果显示，由于工业品需求的持续上升，除减排幅度最大的 C1 情景组（1.5℃温升、低过冲），其余情景的能耗需求大多保持增长趋势。幅度更大、更为迅速的能源结构调整及技术革新是工业领域温室气体排放下降的关键。尽管面临着巨大挑战，AR6 评估报告认为，如果能够有效推动多项措施的联合部署，钢铁、水泥、塑料、合成氨等高排放强度

工业部门到 2050 年能够实现碳排放的显著下降，甚至趋于净零排放。这一评估结果一方面给工业部门深度减排的推进带来信心，另一方面将对工业碳排放目标的设定带来一定压力。

二、工业深度脱碳的主要措施

工业领域深度脱碳措施可概括为 8 类：服务需求的下降、服务与产品强度的下降、材料效率的提升、循环利用、能效提升、电气化与燃料替代、二氧化碳捕集与利用（CCU）、二氧化碳捕集与封存（CCS）。

其中，工业能效提升一直以来都是广受关注的碳减排措施，且在未来深度脱碳进程中仍扮演重要角色。随着技术的不断进步，部分行业的能源利用效率已接近最佳水平，未来的提升速度可能会有所放缓。电气化应用（包括电制零碳燃料替代）正逐渐成为工业部门的关键减排措施。电气化与燃料替代能够直接减少工业部门的直接排放，但整体的减排效果很大程度上取决于电力与燃料来源。同时，工艺需求与改造成本也是电气化推动的重要考虑因素。预计改造成本与复杂度较低、当地清洁电力成本较低的工业设施会率先推动电气化进程。近年来，材料效率提升、循环利用及各种新型工艺流程的推广，受到的关注有所增长，但由于刻画困难、数据信息不足等原因，这些技术的作用在许多已有研究中尚未得到充分研究。作为有机化学品、燃料和原料的关键组成部分，碳元素始终在工业生产过程中保持着重要地位。生物质利用、直接空气捕集与利用等技术的研发与应用，是未来工业部门技术部署的重点。

虽然现有技术能够推动工业部门实现（近）零排放，但是需要在接下来的 5～15 年中密集推动技术创新与商业化以保障技术普及率持续增长。要实现 2040 年的减排目标，约有 40%的技术已经成熟，35%的技术处于早期应用阶段；而对应 2070 年的减排目标，则成熟技术、早期应用技术的比例分别为 15% 和 55%。

不同行业的技术成熟度、减排成本等存在很大差别。钢铁行业要实现近零排放存在多种技术选择，采用这些技术需要综合材料效率、循环回收及工业脱碳政策的支持。水泥与混凝土行业要实现 2050 年的减排目标，但处于成熟或早期应用阶段的技术仅占 21%，还需要持续推动技术创新与商业化推广，同时需要对使用者、消费者与监管者开展教育；能源与材料效率提升、循环利用、原料替代等技术的减排成本大多在 50 美元/吨二氧化碳以下，但碳捕集、利用及储存（CCUS）、电气化等措施的成本较高。对化工行业来说，主要的工业化学品与衍生物生产存在减排潜力，但循环利用、原料替代等技术的成本存在很大差别。

第二节　国际能源署：提升能源效率行动是协同实现能源可负担性、供应安全和气候目标的关键

2022 年 12 月，国际能源署发布《2022 年能源效率》，提出在能源危机背景下，创纪录的消费者能源成本和确保可靠的供应是几乎所有政府需要迫切考虑的政治和经济要务，而提升能源效率行动是协同解决能源可负担性、供应安全和应对气候变化的关键。《2022 年能源效率》的主要观点概述如下。

（一）全球主要经济体加速提升能源效率以缓解能源危机带来的经济压力

俄乌冲突引发了前所未有的全球能源危机，加剧了对能源安全、能源价格上涨引起的全球通胀的担忧。虽然各国有较多的可行解决方案，但是能源效率行动是能够同时实现可负担性、供应安全和气候目标的最佳应对措施。自能源危机爆发以来，能源的节约和高效管理使其效率有强劲提升的趋势，2022 年能源强度将降低 1.2%。新冠疫情后的两年是全球能源强度改善比较缓慢的一段进程，但是在新冠疫情前，二十国集团中 13 个国家的能源强度下降进程就已经放缓，只有 4 个国家有所改善。2010—2020 年，全球能耗强度年均下降率从前 5 年的 2%降到后 5 年的 1.3%。在这种情况下，国际能源署 2050 年净零排放情景所要求的，到 2030 年每年能源效率加速到 4%将更具挑战性。2022 年能源强度改善的部分原因是消费者减少能源消耗以降低成本，因此，其不能完全视为能源效率进程的进步。特别是自 2019 年以来，全球无法稳定获得供暖、制冷等基础能源服务的人数已增至约 25 亿人，另有 1.6 个亿家庭陷入能源贫困。

（二）化石燃料价格高企引发生活成本危机，加剧能源短缺和公共卫生问题

截至 2022 年 10 月，在欧盟地区，消费者能源价格通胀率上升至 39%，约有四分之一的家庭面临能源短缺。其中，弱势群体比较容易受到影响，他们不

仅需要支付数倍的家庭能源费用，还面临着更差的生活条件，从而加剧健康风险。与此同时，新兴经济体和广大发展中国家也容易受到影响。据估计，约 7500 万人失去了支付电力的能力，1 亿人可能需要重新使用传统电力，如使用液化石油气炉。这对妇女和儿童构成了特别的健康风险，他们比较容易受到烹饪造成的家庭空气污染的影响。

（三）目标明确的公共支出可以保护弱势群体并提高能源效率

由于 2022 年家庭和企业面临大幅上涨的能源价格，各国政府都提出了一系列干预措施，包括燃料补贴及直接现金支付。这项紧急政府支出现已超过 5500 亿美元。在新兴经济体和许多发展中国家，这种短期支持超过了自 2020 年 3 月以来的清洁能源投资。其中，效率最低的干预措施是面向所有类型消费者的直接化石燃料补贴，这种补贴可能削弱了提高能源效率的动力，并使能源消费大户不公平地受益。国际货币基金组织和经合组织强调，有必要缩减这种基础广泛的能源补贴，并将其转为有针对性的能源脱贫和结构性能源效率措施。

（四）用于能源效率行动的支出已相当于所有清洁能源计划的三分之二

自 2020 年以来，世界各国政府已花费约 1 万亿美元用于与能源效率相关的行动，如建筑改造、公共交通和基础设施项目及电动汽车补贴。该行动提高了经济生产力，并有助于最大限度地减少未来可能出现的与能源相关的生活成本压力。

（五）全球能源效率投资增长 16%，主要得益于电动汽车销量创纪录的增长

根据截至 2021 年年底的节能和能效提高政策，2026—2030 年 16% 这一数据将进一步增长到 50%，达到每年近 8400 亿美元。然而，这仅仅是净零情景所需能源效率投资水平的一半左右。全球与能源效率相关的运输投资将在 2022 年增长 47%，达到 2200 亿美元。其中，包括超过 900 亿美元的电气化投资，占总投资的 42%，相比之下，2019 年这一投资仅为 19%。2021 年，电动汽车占全球新车销量的 13%，运输部门的常规能源效率投资也表现强劲，增长了 35%，达到 1280 亿美元。尽管有创纪录的增长，但供应链限制正在阻碍更

快速的进展，如半导体和锂加工的可用性。

（六）现有的节能措施使 2022 年国际能源署成员国的能源费用减少了 6800 亿美元

随着大多数国家 2022 年消费者能源支出的强劲增长，提高能源效率在降低成本和节约能源方面的价值呈指数级增长。但是，为了实现目标，政策制定者必须采取明确、广泛的能源效率措施。在过去的 20 年里，国际能源署成员国在建筑、工业和运输部门实施了与能源效率相关的措施，在 2022 年为家庭和企业节省了约 6800 亿美元，约占 2022 年能源总支出 4.5 万亿美元的 15%。

第三节　BP《世界能源展望 2023》：全球能源系统转型提速，凸显解决"能源不可能三角"全部三要素的重要性

2023 年 1 月，全球油气巨头英国石油公司发布旗舰报告《世界能源展望 2023》，该报告通过快速转型情景、净零情景和新动力情景 3 种情景，识别各主要情景内共同的能源转型特征，探讨 2050 年前全球能源系统可能存在的各种路径，其中，快速转型情景和净零情景探讨了能源系统内不同要素如何变化才能大幅降低碳排放，新动力情景旨在展示当前全球能源系统发展的大致轨迹。报告的主要观点概述如下。

碳预算正在消耗殆尽。尽管各国政府脱碳雄心显著增强，但自 2015 年巴黎缔约方会议以来（2020 年除外），二氧化碳的排放量逐年增加。拖延采取果断行动持续减少排放的时间越久，可能的社会经济成本就越高。

一些欧美国家对能源转型的支持已进一步加强，如美国通过的《通货膨胀削减法案》。但是脱碳化的巨大挑战意味着我们需要更多的支持，包括促进加快许可和批准低碳能源和基础设施的政策。

俄乌冲突等地缘政治因素导致全球能源供应受到冲击及相应能源短缺，凸显解决"能源不可能三角"全部三要素的重要性：安全性、可负担性和可持续性。俄乌冲突对全球能源系统有深远影响。对能源安全的高度关注增加了对在本国国内生产可再生能源和其他非化石能源的需求，有助于加快能源转型。

能源需求结构发生变化，化石能源的重要性逐步下降，可再生能源占比增加，终端能源电气化程度提高。天然气的前景取决于能源转型的速度，新兴经济体的经济增长和工业化导致天然气需求增加，与发达国家向更低碳能源转型所抵消。最近的能源短缺和能源价格上涨突显了低碳转型有序进行的重要性，从而使得世界化石能源消费的下降能够与全球化石能源供应的减少遥相呼应。现有油气生产地产量的自然下降意味着在未来 30 年仍需继续对石油和天然气上游进行投资。随着风能和太阳能发电日益占据主导地位，全球电力系统逐步向低碳化转型。风能和太阳能贡献了全部或大部分增量发电，这得益于成本的持续下降及将这些可变电源大量整合到电力系统中的能力不断增强。风能和太阳能的增长需要显著加快新产能的融资和建设。

　　低碳转型需要一系列其他能源来源和技术，包括低碳氢、现代生物能源以及碳捕集、利用与封存（CCUS）。低碳氢在能源系统的脱碳中，特别是在工业和运输领域难以减排的工艺和活动中，发挥至关重要的作用。低碳氢以绿氢和蓝氢为主，随着时间的推移，绿氢的重要性不断增强。氢能贸易既涉及运输纯氢的区域管道贸易，又涉及全球氢能衍生品的海运贸易。现代生物能源——现代固体生物质能、生物燃料和生物甲烷，它们的使用增长迅速有助于难以减排的行业和工业生产过程脱碳。碳捕集、利用与封存在实现快速脱碳化方面发挥着核心作用：捕集工业生产过程中的碳排放，作为碳移除的手段，减少化石能源使用产生的排放。未来我们需要一系列碳移除技术，包括和碳捕集与封存相结合的生物能源、基于自然的气候解决方案和直接从空气中进行碳捕集与封存，来实现深度和快速的脱碳。

第二十一章

2023 年中国工业节能减排领域发展形势展望

2022 年，随着我国深入推进产业结构优化升级，大力开展工业能效水效提升行动，加大资源综合利用力度，推动减污降碳协同增效，工业绿色生产方式正在加快形成。2023 年是工业领域实施碳达峰方案的起跑年，是接续落实"十四五"工业绿色发展规划的攻坚年。展望 2023 年，工业领域将聚焦"开展一个行动、构建两大体系、推动六个转型、实施八大工程"，加快推进产业结构高端化、能源消费低碳化、资源利用循环化、生产过程清洁化、产品供给绿色化、生产方式数字化，坚定不移走生态优先、绿色低碳的高质量发展道路。

第一节 2023 年形势判断

一、工业绿色发展关键指标持续优化

2022 年，我国工业绿色发展水平取得明显成效，产业结构不断优化、能源资源利用效率显著提升、清洁生产水平明显提高、绿色低碳产业加快发展、绿色制造体系基本构建。从工业用能效率、污染排放等关键指标来看，预计 2023 年将稳中向好、持续优化。

工业用能效率方面，单位工业增加值能耗有望继续下降。一是工业领域提出"十四五"规模以上工业单位增加值能耗降低 13.5% 的节能目标，并提出结构性节能、技术性节能、管理性节能的新举措，这为 2023 年工业节能目标任务的完成提供了政策层面的保障。二是从趋势来看，2022 年 1～10 月，全国工业用电量同比增长 1.8%，规模以上工业增加值累计同比增长 4.0%，能源消费

增速低于工业增加值增速，单位工业增加值能耗保持负增长；2023 年随着复工复产加速推进，单位工业增加值快速增长，预计增速远高于工业能源消费增速，单位工业增加值能耗将保持下降趋势。

清洁生产方面，主要污染物排放总量有望继续保持下降态势。一是《中共中央　国务院关于深入打好污染防治攻坚战的意见》提出了"十四五"主要污染物排放总量持续下降，地级及以上城市细颗粒物（PM2.5）浓度下降 10%，空气质量优良天数比率达到 87.5% 等目标，并对持续改善全国环境质量提出了多项举措。二是工业仍是主要污染物减排的重点领域，工业源二氧化硫、氮氧化物排放量分别约占全国污染物排放总量的 80% 和 40%，随着减排指标管理、环境监管等措施的深入推进，2023 年工业领域主要污染物排放总量可能延续下降态势。

二、产业结构高端化绿色化转型稳步推进

进入 2023 年，产业结构优化将进一步带动工业绿色发展。首先，化工、建材、钢铁和有色等高载能行业一直是传统行业绿色低碳发展的重点，其占全社会能耗的比重自 2012 年以来持续保持下降态势。2022 年 1～9 月，四大高耗能行业用电量占全社会用电量比重比 2021 年同期下降了约 0.6 个百分点，达到 26.4%，传统行业用能结构优化调整势头在 2023 年仍会持续。其次，2022 年以来，工业领域供给体系的质量持续改善，绿色制造领域战略性新兴产业向融合化、集群化、生态化发展，新动能增势较好。1～10 月，高技术制造业增加值同比增长 8.7%，增速比 1～9 月的高 0.2 个百分点；高技术制造业投资同比增长 23.6%，比 1～9 月的高 0.2 个百分点。新能源汽车、太阳能电池产量同比分别增长 108.4% 和 35.6%。2023 年，国家有序推进新增可再生能源电力消费量不纳入能源消费总量控制的相关事宜，将为新能源产业发展奠定良好的政策环境，绿色环保战略性等新兴产业有望进一步发展壮大。

三、政策体系引导作用将进一步凸显

2021 年 12 月，中华人民共和国工业和信息化部印发了《"十四五"工业绿色发展规划》；2022 年 8 月，中华人民共和国工业和信息化部、中华人民共和国国家发展和改革委员会、中华人民共和国生态环境部《工业领域碳达峰实施方案》，明确了"十四五"时期工业绿色低碳发展的总体思路、重点任务和具

体路径。以推动工业高质量发展为主题，以供给侧结构性改革为主线，以碳达峰碳中和目标为引领，统筹发展与绿色低碳转型，加快构建以高效、绿色、循环、低碳为主要特征的现代工业体系。聚焦"开展一个行动、构建两大体系、推动六个转型、实施八大工程"推动工业绿色低碳转型。工业领域绿色低碳转型路线图和施工图已经绘就，各地积极进行学习和宣贯，强化落实，2023 年工业领域绿色发展政策体系更加聚焦，重点更加突出，引领作用将进一步凸显。

四、工业绿色低碳转型动力将加速释放

明确的时间表倒逼工业加快绿色低碳转型步伐。随着我国"2030 年前实现碳达峰、2060 年前实现碳中和"目标的提出，工业领域也提出了确保二氧化碳排放在 2030 年前达峰的明确目标，在我国尚未完成工业化的情形下，用不到 8 年的时间实现工业领域碳达峰，再用不到 30 年的时间实现工业领域碳中和，减排速度和减排力度均须远超发达国家，国家与地方部署的系列减碳措施将倒逼企业开展绿色低碳改造与升级。

市场机制逐步完善增强企业绿色低碳发展内生动力。我国已建成全球规模最大的碳市场之一，随着碳市场体系的进一步完善，钢铁、建材、石化化工、有色等重点行业将逐步纳入碳交易体系，碳排放权成为企业的重要资产，碳效率成为企业赢得市场竞争力的重要维度，工业企业自觉提高绿色低碳发展水平的内生动力将进一步释放。

第二节 需要关注的几个问题

一、工业能源消费总量面临快速增长的风险

在政策引领基建投资增加的背景下，2022 年 1~10 月，我国基础设施投资同比增长 8.7%，增速比前 3 个季度高 0.1 个百分点，连续 6 个月回升，带动钢铁、建材、有色等高耗能产业生产呈快速回升态势，10 月份，钢材、水泥、10 种有色金属、乙烯的产量分别为 11485 万吨、20384 万吨、585 万吨、261 万吨，分别同比增长 11.3%、0.4%、10.1%、5.5%。从能源消费量的数据来看，1~10 月我国四大高载能行业用电增速由负转正，同比增长 0.1%，扭转 10 月份之前持续下降的态势。进入 2023 年，随着稳经济一揽子政策和接续政策措

施落地显效，高耗能产业生产逐步回暖，可能会对工业能源消费总量、碳排放等造成压力。

二、中西部地区工业绿色发展形势较为严峻

2022 年 1～10 月，新疆、辽宁、上海、广西和广东的用电量增速呈现负增长；在用电量增速超过全国平均值的 18 个省份中，西部地区的省份占 8 个，中部地区的省份占 6 个，东部地区的省份占 3 个，东北部地区的省份占 1 个。可见，高载能行业"西进"呈现加快迹象，2021 年年底，工业和信息化部等部门联合发布的《关于促进制造业有序转移的指导意见》提出，满足条件的高载能行业将向西部清洁能源优势地区集聚。化工产业正加速向中西部地区转移，按照 2022 年中华人民共和国应急管理部调查数据测算，2022—2023 年预计将有 471 个项目集中投产。冶金、工贸、新能源等产业正向云南、广西、内蒙古等省、自治区的 40 个经济区（带）转移，2023 年，地区工业绿色发展压力将继续加大，形势将更加复杂。

三、绿色低碳技术支撑能力有待提高

工业领域绿色低碳转型需要以完善的技术体系为支撑。当前，工业绿色低碳关键技术仍然存在"卡脖子"问题，我国在绿色低碳重点领域尚未完全掌握核心技术，高端装备供给不足。一是支撑钢铁、建材、有色、石化化工等重点行业绿色低碳转型的原料燃料替代、工业流程再造等低碳零碳技术亟待突破。二是支撑光伏、风电等新能源产业发展的大型风电机组主轴承、氢能生产储运应用技术、大容量先进储能等关键材料、零部件和设备仍然存在短板。三是企业、研发机构和市场需求间的体制机制尚未融通，绿色低碳知识产权创造、保护、运用和服务等体系建设较为滞后。

四、绿色贸易壁垒倒逼我国工业绿色低碳转型更加紧迫

欧美等西方国家和地区为强化竞争优势，通过积极推广实施碳标签、碳关税、生态产品设计等制度与法规，设置了新型绿色贸易壁垒，这对我国工业产品国际竞争力带来了新的冲击和挑战。如欧盟的碳边境调节机制和美国的《清洁竞争法案》提出将对相关进口产品征收碳关税，这将显著增加我国钢铁、铝、

水泥、化肥等行业出口成本，降低我国工业产品国际竞争力；欧盟拟议的《可持续产品生态设计条例》要求只有循环产品才能进入欧盟市场，对进口产品设定了强制性的最低可持续性要求。进入 2023 年，随着新型绿色贸易壁垒的逐渐落地，我国工业绿色低碳转型更加紧迫。

第三节　应采取的对策和建议

一、加强碳排放监测与管理，夯实管理基础

一是完善碳排放基础通用标准体系，完善碳计量技术体系，健全市场化机制。二是加强工业能源消费、碳排放的跟踪管理，及时分析可能造成工业能源消费总量、碳排放大幅上升的潜在因素，准确提出应对措施。三是严格执行高耗能行业新上项目的能评环评，加强工业投资项目节能评估和审查，把好能耗准入关，加强能评和环评审查的监督管理，严肃查处各种违规审批行为；同时，加快修订高耗能产品能耗限额标准，提高标准的限定值及准入值。四是建立节能市场化机制，开展工业节能诊断服务，构建市场化节能机制。

二、制定中西部差异化绿色转型政策，促进区域平衡发展

一是强化中西部地区新投产项目的环保、能效监管力度，实时掌握各大工业园区能耗、碳排放、污染物排放等数据，及时帮助企业进行针对性节能降碳减污技改。二是着力推动包括重化工在内的制造业高端化、智能化、绿色化协同发展，充分发挥中西部地区可再生能源优势，最大程度消纳风电、光伏等可再生能源，引进东部地区先进数字化技术，赋能中西部地区绿色化发展。三是加大财政对中西部地区绿色化改造支持力度，鼓励地方制定针对性的绿色金融政策，创新金融工具，创建绿色化发展氛围，为企业、园区节能减排、绿色技改提供有力支撑。

三、加快构建绿色转型技术体系，增强创新能力

一是突破一批关键共性技术。瞄准国家绿色低碳转型重大战略需求和未来产业发展制高点，定期研究、制定、发布绿色制造关键共性技术创新路线图，布局实施一批节能减碳前沿技术研究项目，集中优势资源攻克一批"卡脖子"

问题，形成一批原创性科技成果。二是推广一批先进适用技术。定期编制发布低碳、节能、节水、清洁生产和资源综合利用等绿色技术、装备、产品目录，遴选一批水平先进、经济性好、推广潜力大、市场亟须的工艺装备技术，鼓励企业加强设备更新和新产品规模化应用。三是开展重点行业升级改造示范。围绕钢铁、建材、石化化工、有色金属、机械、轻工、纺织等行业，实施生产工艺深度脱碳、工业流程再造、电气化改造、二氧化碳回收循环利用等技术示范工程。

四、加强国际绿色交流与合作，提升国际影响力

一是在"一带一路"倡议、亚太经合组织区域合作等框架下，加强国际沟通协调与合作，共同构建公平合理、合作共赢的全球绿色贸易体系。二是建立与国际互认的中国产品碳排放核算体系，加快实施碳标签制度，保障我国工业产品国际竞争力。三是探索绿色产业人才培养国际合作新模式，创建汇集全球工业绿色创新者的沟通交流平台，共享可持续发展经验与优秀实践，发挥互补优势促进清洁低碳技术研发和创新应用。四是推进国际投资合作，支持外资企业在新能源、节能环保、生态环境、绿色发展等领域对华投资，促进基础设施、产业建设等领域的绿色转型。

附录 A

2022 年节能减排大事记

2022 年 2 月

2022 年 2 月 10 日

工业和信息化部等八部门印发《关于加快推动工业资源综合利用的实施方案》

2 月 10 日消息，工业和信息化部、国家发展改革委、科学技术部、财政部、自然资源部、生态环境部、商务部、国家税务总局等八部门近日印发《关于加快推动工业资源综合利用的实施方案》，到 2025 年，钢铁、有色、化工等重点行业工业固废产生强度下降，大宗工业固废的综合利用水平显著提升，再生资源行业持续健康发展，工业资源综合利用效率明显提升。力争大宗工业固废综合利用率达到 57%，其中，冶炼渣达到 73%，工业副产石膏达到 73%，赤泥综合利用水平有效提高。主要再生资源品种利用量超过 4.8 亿吨，其中废钢铁 3.2 亿吨，废有色金属 2000 万吨，废纸 6000 万吨。

2022 年 3 月

2022 年 3 月 10 日

工业废水循环利用政策宣贯暨技术交流活动顺利举办

为贯彻落实党中央、国务院关于污水资源化利用的决策部署，加强工业和信息化部等六部门印发的《工业废水循环利用实施方案》（以下简称《实施方案》）宣贯，做好相关政策解读和技术交流，提升工业废水循环利用水平，2022 年 3 月 10 日，中国绿色制造联盟在线举办工业废水循环利用政策宣贯暨技术交流活动。工业和信息化部节能与综合利用司和部分省、市、县工业和信息化主管部门有关同志，以及部分工业园区、企业、科研院所、高等院校、行业协会、第三方服务机构代表参加活动。

北京交通大学、中国人民大学专家解读了《实施方案》有关重点任务。上海泓济环保科技股份有限公司、中化集团蓝星工程有限公司介绍了工业废水循环利用技术及应用案例。江苏省、河北省工业和信息化主管部门分享了推动工业废水循环利用相关工作经验和做法。

2022 年 3 月 23 日

国家发展改革委、国家能源局联合印发《氢能产业发展中长期规划（2021—2035 年）》

为促进氢能产业规范有序高质量发展，经国务院同意，国家发展改革委、国家能源局联合印发《氢能产业发展中长期规划（2021—2035 年）》（以下简称《规划》）。

《规划》明确了氢的能源属性，是未来国家能源体系的组成部分，充分发挥氢能清洁低碳特点，推动交通、工业等用能终端和高耗能、高排放行业绿色低碳转型。同时，明确氢能是战略性新兴产业的重点方向，是构建绿色低碳产业体系、打造产业转型升级的新增长点。

《规划》提出了氢能产业发展基本原则：一是创新引领，自立自强。积极推动技术、产品、应用和商业模式创新，集中突破氢能产业技术瓶颈，增强产业链供应链稳定性和竞争力。二是安全为先，清洁低碳。强化氢能全产业链重大风险的预防和管控；构建清洁化、低碳化、低成本的多元制氢体系，重点发展可再生能源制氢，严格控制化石能源制氢。三是市场主导，政府引导。发挥市场在资源配置中的决定性作用，探索氢能利用的商业化路径；更好发挥政府作用，引导产业规范发展。四是稳慎应用，示范先行。统筹考虑氢能供应能力、产业基础、市场空间和技术创新水平，积极有序开展氢能技术创新与产业应用示范，避免一些地方盲目布局、一拥而上。

《规划》提出了氢能产业发展各阶段目标：到 2025 年，基本掌握核心技术和制造工艺，燃料电池车辆保有量约 5 万辆，部署建设一批加氢站，可再生能源制氢量达到每年 10 万吨～20 万吨,实现二氧化碳减排每年 100 万吨～200 万吨。到 2030 年,形成较为完备的氢能产业技术创新体系、清洁能源制氢及供应体系,有力支撑碳达峰目标实现。到 2035 年,形成氢能多元应用生态,可再生能源制氢在终端能源消费中的比例明显提升。

《规划》部署了推动氢能产业高质量发展的重要举措:一是系统构建氢能产业创新体系。聚焦重点领域和关键环节,着力打造产业创新支撑平台,持续提升核心技术能力,推动专业人才队伍建设。二是统筹建设氢能基础设施。因地制宜布局制氢设施,稳步构建储运体系和加氢网络。三是有序推进氢能多元化应用,包括交通、工业等领域,探索形成商业化发展路径。四是建立健全氢能政策和制度保障体系,完善氢能产业标准,加强全链条安全监管。

《规划》要求,国家发展改革委建立氢能产业发展部际协调机制,协调解决氢能发展重大问题,研究制定相关配套政策。各地区、各部门要充分认识发展氢能产业的重要意义,把思想、认识和行动统一到党中央、国务院的决策部署上来,加强组织领导和统筹协调,压实责任,强化政策引导和支持,通过采取试点示范、宣传引导、督导评估等措施,确保规划目标和重点任务落到实处。

2022 年 4 月

2022 年 4 月 6 日

工业和信息化部、国家市场监管总局在北京举行重点用能行业能效“领跑者”发布活动

4 月 6 日,生态环境部令第 26 号《尾矿污染环境防治管理办法》(以下简称《管理办法》)发布,于 2022 年 7 月 1 日起实施。

我国于 1992 年颁布实施的《防治尾矿污染环境管理规定》(原国家环境保护局令第 11 号),发布以来已历经 30 年,虽经两次修订,但工作中出现了一些新情况、新问题,一些规定已不能适应当前尾矿环境管理的要求。这次全面修订《管理办法》,密切衔接新《中华人民共和国固体废物污染环境防治法》等法律法规,细化了尾矿产生、贮存、运输和综合利用各个环节的环境管理要求,

进一步明确了生态环境部门的监管职责和企业污染防治主体责任，是强化尾矿环境管理、防控尾矿库环境风险的必然要求，也是贯彻落实党中央国务院决策部署、指导地方扎实做好尾矿库污染防治一项具体举措。

《管理办法》的修订工作在保持连续性、稳定性的前提下，按照"打牢基础、健全体系、严守底线、防控风险、改革创新"的管理思路，坚持问题导向、聚焦主责主业、依法开展监管。《管理办法》共划分为总则、污染防治、监督管理、罚则和附则 5 个章节，明确了尾矿产生、贮存、运输和综合利用全过程污染防治要求，建立了尾矿库分类分级环境监督管理制度，将尾矿库分为一级、二级和三级环境监督管理尾矿库，重点管控一级和二级环境监督管理尾矿库；建立了尾矿库污染隐患排查治理制度，要求每年汛期前至少开展一次全面的污染隐患排查，发现污染隐患的，制定整改方案，及时采取措施消除隐患。

《管理办法》从涵盖具体环节和整体防治措施的 8 个方面，细化了尾矿污染防治和环境管理要求：新建、改建、扩建尾矿库的建设要求；尾矿库防渗要求；大气、尾矿水排放等污染防治要求；地下水水质监测井建设要求；环境监测要求；环境应急管理及突发环境事件的应急处理要求；发现污染迹象后的调查治理要求；封场期间及封场后的污染防治要求。《管理办法》对相关法律法规已规定法律责任的部分典型情形进行了衔接细化；对本办法新创设的未按时通过全国固体废物污染环境防治信息平台填报上一年度产生的相关信息的、未按照国家有关规定设置污染物排放口标志的、未按要求组织开展污染隐患排查治理的违法行为设置了明确的罚则。

2022 年 5 月

2022 年 5 月 13 日

工业和信息化部节能与综合利用司组织召开废旧光伏组件回收利用工作交流会

2022 年 5 月 12 日，为贯彻落实《中华人民共和国固体废物污染环境防治法》，推进废旧光伏组件等新兴固废综合利用，工业和信息化部节能与综合利用司召开线上工作交流会。来自光伏组件生产企业、光伏电站运营企业、废旧光伏组件回收利用企业、有关行业协会、研究机构的代表参加会议。

会上，有关专家介绍了我国光伏装机情况及增长趋势，分析了废旧光伏组件产生规模和来源渠道。相关企业分享了废旧光伏组件回收拆解技术研发、产业化应用等方面的进展。参会人员围绕构建废旧光伏组件回收利用政策体系、加强技术研发和产业化应用、强化标准支撑等方面进行了交流。

2022 年 5 月 27 日

国家发展改革委等部门开展 2022 年全国节能宣传周和全国低碳日活动

国家发展改革委确定 2022 年全国节能宣传周为 6 月 13 日至 19 日，全国低碳日为 6 月 15 日。2022 年全国节能宣传周活动主题是"绿色低碳，节能先行"。全国低碳日活动主题是"落实'双碳'行动，共建美丽家园"。

全国节能宣传周期间，国家发展改革委将会同有关部门和单位围绕宣传主题，深入开展相关宣传活动，进一步普及生态文明、绿色发展理念和知识，营造简约适度、绿色低碳、文明健康的社会风尚，不断增强全社会节能降碳意识和能力。

全国低碳日当天，生态环境部将会同有关部门和单位围绕宣传主题，开展"线上+线下"宣传活动，深入宣传低碳发展理念，普及应对气候变化知识，提升公众低碳意识，倡导公众选择简约适度、绿色低碳的生活方式。

各地区和相关部门围绕宣传重点、创新宣传方式、加大宣传力度，组织动员社会各界积极参与，运用传统媒体和新兴媒体等传播方式，深入开展具有行业特点和地方特色的宣传活动，培育引领环保节能的生活新风尚。

2022 年 5 月 27 日

工业和信息化部节能与综合利用司举办工业资源综合利用政策培训班

为贯彻落实《中华人民共和国固体废物污染环境防治法》，节能与综合利用司 5 月 27 日举办工业资源综合利用线上培训会，各地工业和信息化主管部门、有关行业协会、部分骨干企业等参加。

就贯彻落实新《中华人民共和国固体废物污染环境防治法》，节能与综合利用司强调要进一步提高政治站位，主动作为，切实将法律赋予工业和信息化系统的职责落地抓好，特别是推动固废源头减量和资源综合利用等任务。生态环境部固体司有关同志解读一般工业固废环境管理相关政策和管理要求，行业专家结合新形势、新要求，详细解读《关于加快推动工业资源综合利用的实施方案》；中汽数据有限公司专家介绍退役动力电池回收利用的政策体系和下一步打算。与会的工业和信息化主管部门、行业协会和骨干企业围绕创新工作思路、完善政策体系、协同推进工业资源综合利用等方面进行了互动交流。

2022 年 6 月

2022 年 6 月 17 日

工业和信息化部组织开展 2022 年工业节能诊断服务工作

工业和信息化部印发《关于组织开展 2022 年工业节能诊断服务工作的通知》，组织开展工业节能诊断服务，聚焦主要技术装备、关键工序工艺、能源计量管理开展能效诊断，实施百家重点企业全面节能诊断、千家中小企业专项节能诊断，培育优质节能诊断服务机构，跟踪问效诊断成果，推进企业节能降耗、降本增效，助力工业节能提效再上新台阶。

工业节能诊断是推动实现工业能效提升的有效方法和手段。近年来，工业和信息化部组织和委托 600 余家第三方机构对 1.9 万家企业主要技术装备、关键工序工艺、能源计量管理开展能效诊断，并在优化用能结构、提升用能效率、强化用能管理等方面提出 3.7 万余项措施建议，促进重点行业领域加快实施节能降碳技术改造项目。

2022 年 6 月 21 日

工业和信息化部等六部门印发《工业水效提升行动计划》

工业和信息化部、水利部等六部门近日联合印发《工业水效提升行动计划》

（以下简称《行动计划》），提出到 2025 年，全国万元工业增加值用水量较 2020 年下降 16%。工业废水循环利用水平进一步提高，力争全国规模以上工业用水重复利用率达 94% 左右。

工业是我国最重要的用水部门之一。2021 年工业用水量 1049.6 亿立方米，占全国用水总量的 17.7%。"十三五"以来，我国工业用水效率明显提升，全国万元工业增加值用水量从 2015 年的 58.3 立方米下降至 2021 年的 28.2 立方米，规模以上工业用水重复利用率从 89% 提高至 92.9%。《行动计划》提出加快节水技术推广、提升重点行业水效、优化工业用水结构、完善节水标准体系、推动产业适水发展和提升管理服务能力等 6 个方面 12 项具体任务，进一步提升工业水效。

2022 年 7 月

2022 年 7 月 7 日

工业和信息化部节能与综合利用司赴天津市开展绿色低碳专题调研

为贯彻落实《"十四五"工业绿色发展规划》，加快推动工业绿色低碳转型发展，推进动力电池回收利用体系建设，2022 年 7 月 7 日，节能与综合利用司负责同志带队赴天津市调研动力电池回收利用、工业领域"双碳"、绿色工厂建设、数字化赋能绿色转型等方面工作情况。

调研期间，组织天津市工信局及有关企业进行了座谈交流，聚焦当前绿色低碳发展形势、行业发展实际，听取了解企业诉求和建议，找准政策发力方向。在中国汽车研究中心，围绕完善动力电池回收利用管理制度、优化溯源监管、健全标准体系、加大宣传引导、加强汽车行业"双碳"评价和引导、产业链协同推进等进行了深入交流，并调研了新能源检验中心电池检测实验室。

2022 年 7 月 18 日

2022 年再生金属产业绿色发展峰会在江西丰城召开

为推动再生有色金属行业绿色发展，提高资源化利用水平，2022 年 7 月

15 日，中国有色金属工业协会再生金属分会在江西丰城召开 2022 年再生金属产业绿色发展峰会。工业和信息化部节能与综合利用司，江西省工业和信息化厅，有关重点企业、产业集聚区、科研院所等代表参会。

会上，节能与综合利用司结合落实碳达峰碳中和目标，解读了《关于加快推动工业资源综合利用的实施方案》，重点介绍了推进再生金属资源化利用的工作要求。中国有色金属工业协会梳理了再生有色金属行业发展现状及面临形势，提出了下一步行业绿色发展建议。海关总署介绍了再生有色金属原料进口政策，详细解读了标准和检验规程。丰城市分享了当地再生金属产业发展经验。会议还围绕落实资源综合利用增值税政策、加强再生有色金属原料保障等主题进行了专题研讨交流。

2022 年 7 月 20 日

工业和信息化部节能与综合利用司参加新疆维吾尔自治区工业水效提升交流会并开展专题调研

为贯彻落实《工业水效提升行动计划》，加快先进节水技术装备推广应用，提升工业用水效率，2022 年 7 月 20 日，新疆维吾尔自治区工业和信息化厅召开自治区工业水效提升交流会。节能与综合利用有关负责同志出席会议，地方工业和信息化主管部门、行业协会、大专院校、科研院所、企业等代表共计 1000 余人线上线下参加了会议。

会上，有关负责同志做了《全面加快工业水效提升　助力工业绿色发展》的主题发言，重点就《工业水效提升行动计划》进行了解读。新疆维吾尔自治区工业和信息化厅有关领导介绍了当地工业水效提升重点工作。钢铁、石化化工、纺织、有色等行业协会专家分别就各自行业发展和水效提升重点举措作了专题报告。河海大学、清华大学及工业节水服务企业专家围绕工业园区废水循环利用、高盐废水资源化应用等先进节水技术及应用案例做了交流。

期间，节能司有关负责同志赴新疆德蓝水技术股份有限公司、特变电工股份有限公司、新疆蓝山屯河聚酯有限公司等企业现场调研，与企业代表就工业水效提升技术、非常规水资源利用、国内膜材料发展等深入交流研讨。

2022 年 7 月 22 日

第 23 届中国·青海绿色发展投资贸易洽谈会暨第二届中国（青海）国际生态博览会在西宁开幕

2022 年 7 月 22 日，第 23 届中国·青海绿色发展投资贸易洽谈会暨第二届中国（青海）国际生态博览会在青海省西宁市开幕。工业和信息化部总工程师韩夏出席开幕式并致辞。

韩夏在致辞中指出，推动工业和信息化领域绿色低碳转型，是推进制造强国、网络强国建设的必由之路，更是促进经济社会高质量发展的关键所在。工业和信息化部将立足新发展阶段，完整、准确、全面贯彻新发展理念，加快建设完善低碳技术体系和绿色制造支撑体系，充分发挥信息通信技术对传统行业的数字赋能降碳作用，系统推进工业向产业结构高端化、能源消费低碳化、资源利用循环化、生产过程清洁化、产品供给绿色化、生产方式数字化等方向转型。

本次展会以"开放合作·绿色发展"为主题，聚力打造生态文明高地，推动国内外生态建设成果共享互鉴、生态产业融合发展、生态产品贸易融通、生态价值转化合作，为推进区域生态保护和高质量发展搭建开放协作平台。会议同期举办主旨论坛、重大项目签约、电动汽车挑战赛等系列活动。

工业和信息化部节能与综合利用司及青海省工业和信息化厅、青海省通信管理局相关负责同志参加活动。

2022 年 8 月

2022 年 8 月 1 日

工业和信息化部等三部门印发《工业领域碳达峰实施方案》

工业和信息化部、国家发展改革委、生态环境部 8 月 1 日联合印发《工业领域碳达峰实施方案》（以下简称《方案》）。《方案》提出，到 2025 年，我国规模以上工业单位增加值能耗较 2020 年下降 13.5%，单位工业增加值二氧化碳排放下降幅度大于全社会下降幅度，重点行业二氧化碳排放强度明显下降。确保工业领域二氧化碳排放在 2030 年前达峰。

《方案》提出,"十四五"期间,产业结构与用能结构优化取得积极进展,能源资源利用效率大幅提升,建成一批绿色工厂和绿色工业园区,研发、示范、推广一批减排效果显著的低碳零碳负碳技术工艺装备产品,筑牢工业领域碳达峰基础。到 2025 年,规模以上工业单位增加值能耗较 2020 年下降 13.5%,单位工业增加值二氧化碳排放下降幅度大于全社会下降幅度,重点行业二氧化碳排放强度明显下降。

"十五五"期间,产业结构布局进一步优化,工业能耗强度、二氧化碳排放强度持续下降,努力达峰削峰,在实现工业领域碳达峰的基础上强化碳中和能力,基本建立以高效、绿色、循环、低碳为重要特征的现代工业体系。确保工业领域二氧化碳排放在 2030 年前达峰。

《方案》指出,坚决遏制高耗能高排放低水平项目盲目发展。采取强有力措施,对高耗能高排放低水平项目实行清单管理、分类处置、动态监控。严把高耗能高排放低水平项目准入关,加强固定资产投资项目节能审查、环境影响评价,对项目用能和碳排放情况进行综合评价,严格项目审批、备案和核准。全面排查在建项目,对不符合要求的高耗能高排放低水平项目按有关规定停工整改。科学评估拟建项目,对产能已饱和的行业要按照"减量替代"原则压减产能,对产能尚未饱和的行业要按照国家布局和审批备案等要求对标国内领先、国际先进水平提高准入标准。

2022 年 8 月 1 日

工业和信息化部节能与综合利用司召开新能源汽车动力电池综合利用工作座谈会

为加强动力电池回收利用体系建设,做好回收利用管理办法研究工作,8 月 1 日,节能与综合利用司召开新能源汽车动力电池综合利用工作座谈会,综合利用骨干企业参加会议。

参会企业介绍了退役动力电池回收、梯次及再生利用技术攻关、商业模式创新等工作,围绕完善管理制度、健全技术标准体系、加强产业链上下游协作等开展了研讨。下一步，节能与综合利用司将坚持问题导向，研究制定《新能源汽车动力蓄电池回收利用管理办法》和行业急需标准，健全动力电池回收利用体系，支持柔性拆解、高效再生利用等一批关键技术攻关和推广应用，持续实施行业规范管理，提高动力电池回收利用水平。

2022 年 8 月 2 日

工业和信息化部开展 2022 年工业节能监察工作

为持续推进工业节能提效和绿色低碳发展，聚焦重点行业领域，抓好重点企业、重点用能设备的节能监管，发挥强制性节能标准约束作用，提高能源利用效率，8 月 2 日，工信部印发《关于开展 2022 年工业节能监察工作的通知》，文件主要涉及重点行业、重点领域、重点用能设备能效专项监察及 2021 年违规企业整改落实等方面内容。

2022 年 8 月 24 日

工业和信息化部节能与综合利用司赴浙江省开展绿色制造相关工作调研

为贯彻落实党中央、国务院碳达峰碳中和决策部署，加快推动工业绿色低碳发展，全面推行绿色制造和服务体系，2022 年 8 月 24 日至 25 日，节能与综合利用司负责同志带队赴浙江省调研绿色制造、工业碳效码等方面工作情况。

调研期间，先后赴西子清洁能源装备制造股份有限公司、杭州老板电器股份有限公司，重点调研 2 家绿色制造标杆企业典型做法和取得的成效，围绕当前绿色低碳发展面临的困难和问题，听取了解企业意见和建议。赴湖州市调研工业碳效码建设及应用情况，并围绕工业碳效评价体系、数据采集与安全防护、运行机制模式等进行了深入交流。

中国电子信息产业发展研究院、中国信息通信研究院负责同志及相关专家一同参加了调研。

2022 年 9 月

2022 年 9 月 20 日

工业和信息化部节能与综合利用司举办 2022 年全国工业节能监察培训

为进一步加强工业节能监察工作经验交流和队伍能力建设，推动工业节能与绿色低碳发展，2022 年 9 月节能与综合利用司分片区举办二期全国工业节能监察培训。节能与综合利用司、产业政策与法规司，以及北京、河北等 25 个地方工业和信息化主管部门、工业节能监察机构有关负责同志参加。

培训中，节能与综合利用司围绕扎实推进工业节能与绿色低碳发展的主要目标、重要举措等方面，开展政策解读和工作部署。地方参会同志就各地推动工业绿色低碳发展有关工作进展、取得的成效和经验以及下一步工作建议进行了交流研讨，并就制定《工业节能监察办法》提出意见建议。期间，有关专家围绕全球能源绿色低碳转型与工业节能降碳形势、工业节能监察要求等内容为学员授课。

节能与综合利用司高度重视工业节能监察工作和监察队伍能力建设，专门委托部教育考试中心搭建在线学习平台，通过"直播+录播"相结合的方式，集中在 7~8 月开展全国节能监察队伍在线能力培训，目前完成课程培训和能力考试学员已达 3800 余人。

2022 年 9 月 20 日

国家能源局印发《能源碳达峰碳中和标准化提升行动计划》

国家能源局最新发布《能源碳达峰碳中和标准化提升行动计划》（以下简称《行动计划》）。

该文件提出，突出能源绿色低碳转型、新兴技术产业发展、能效提升和产业链碳减排等重点方向，与技术创新和产业发展协同联动，完善有关能源技术标准规范，加大新兴领域标准供给，加快标准更新升级，不断提升标准质量，为能源碳达峰、碳中和提供有力支撑。

《行动计划》明确了能源碳达峰碳中和标准化提升行动的六大重点任务，包括大力推进非化石能源标准化、加强新型电力系统标准体系建设、加快完善新型储能技术标准、加快完善氢能技术标准、进一步提升能效相关标准、健全完善能源产业链碳减排标准等。

2022 年 11 月

2022 年 11 月 16 日

工业和信息化部等六部门组织开展 2022 年度国家绿色数据中心推荐工作

为加快数据中心能效提升和绿色低碳发展，11 月 16 日，工业和信息化部办公厅、国家发展改革委办公厅、商务部办公厅、国管局办公室、银保监会办公厅、国家能源局综合司印发了《关于组织开展 2022 年国家绿色数据中心推荐工作的通知》（以下简称《通知》），启动 2022 年国家绿色数据中心推荐工作。《通知》要求，各地应依据《国家绿色数据中心评价指标体系》，在生产制造、电信、互联网、公共机构、能源、金融、电子商务等数据中心重点应用领域，选择一批能效水平高且绿色低碳、布局合理、技术先进、管理完善、代表性强的数据中心进行推荐。各数据中心要对照标准开展创建和自评价，达到国家绿色数据中心要求后，委托符合条件的第三方评价机构开展现场评价，自评价和第三方评价完成后，按相关要求和程序提交申报材料。

《通知》强调，推荐的数据中心应具有清晰、完整的物理边界，截至申报日已全系统连续稳定运行 1 年以上，未发生安全、质量、环境污染等事故以及偷漏税等违法违规行为；应具有较高的算力资源利用水平、能源利用效率、绿色低碳发展水平，优先推荐位于国家算力枢纽及国家数据中心集群范围内的数据中心。工业和信息化部将会同相关部门组织专家对推荐材料进行审查，必要时可进行现场抽查，择优确定 2022 年度国家绿色数据中心名单并按程序发布。

2022 年 12 月

2022 年 12 月 12 日

工业和信息化部等四部委发布《关于深入推进黄河流域工业绿色发展的指导意见》

12 月 12 日，工业和信息化部、国家发展改革委、住房和城乡建设部、水利部四部门发布《关于深入推进黄河流域工业绿色发展的指导意见》（以下简称《指导意见》），瞄准"十四五"期间黄河流域工业绿色发展主要目标，聚焦调整产业结构布局、水资源集约化利用、能源消费低碳化转型、传统制造业绿色化提升、产业数字化升级等 5 个重点方面，提出 14 项具体任务。《指导意见》指出，着力推进区域协调发展和绿色发展，提高资源能源利用效率和清洁生产水平，构建高效、可持续的黄河流域工业绿色发展新格局。

2022 年 12 月 28 日

数据中心、通信基站节能诊断服务指南（2022 年版）发布

为落实《工业节能诊断服务行动计划》，进一步规范工业节能诊断服务标准和要求，提高工业节能诊断服务水平，工业和信息化部节能与综合利用司组织编制了数据中心、通信基站等 2 个重点领域节能诊断服务指南，现予发现。请有关机构在开展工业节能诊断服务工作中参照使用。

后　记

《2022—2023年中国工业节能减排蓝皮书》是在我国现阶段高度重视生态文明建设，大力推进绿色发展，落实"双碳"目标背景下，由中国电子信息产业发展研究院赛迪智库节能与环保研究所编写完成的。

本书由刘文强书记担任主编，赵卫东所长、马涛副所长担任副主编。具体各章节的撰写人员为：综合篇由王煦、王颖、李欢、赵越、冯相昭、张玉燕撰写，重点行业篇由李欢、霍婧、张玉燕、张秉毅撰写，区域篇由李鹏梅、张秉毅、郭士伊撰写，政策篇由郭士伊、莫君媛、黄晓丹撰写，热点篇由李鹏梅、赵越、王煦、王颖撰写，展望篇由冯相昭、霍婧撰写，2022年工业节能减排大事记由谭力收集整理。

此外，本书在编撰过程中，得到了工业和信息化部节能与综合利用司领导及钢铁、建材、有色、石化、电力等重点行业协会和相关研究机构的专家的大力支持和指导，在此一并表示感谢。希望本书可以为工业节能减排的政府主管部门在制定政策时提供决策参考，为工业企业节能减排管理者提供帮助。本书虽然经过研究人员和专家的严谨思考与不懈努力，但由于能力和水平所限，疏漏和不足之处在所难免，敬请广大读者和专家批评指正。

赛迪智库

面向政府·服务决策

奋力建设国家高端智库

诚信　担当　唯实　创先

思想型智库　国家级平台　全科型团队
创新型机制　国际化品牌

《赛迪专报》《赛迪要报》《赛迪深度研究》《美国产业动态》

《赛迪前瞻》《赛迪译丛》《舆情快报》《国际智库热点追踪》

《产业政策与法规研究》《安全产业研究》《工业经济研究》《财经研究》

《信息化与软件产业研究》《电子信息研究》《网络安全研究》

《材料工业研究》《消费品工业研究》《工业和信息化研究》《科技与标准研究》

《节能与环保研究》《中小企业研究》《工信知识产权研究》

《先进制造业研究》《未来产业研究》《集成电路研究》

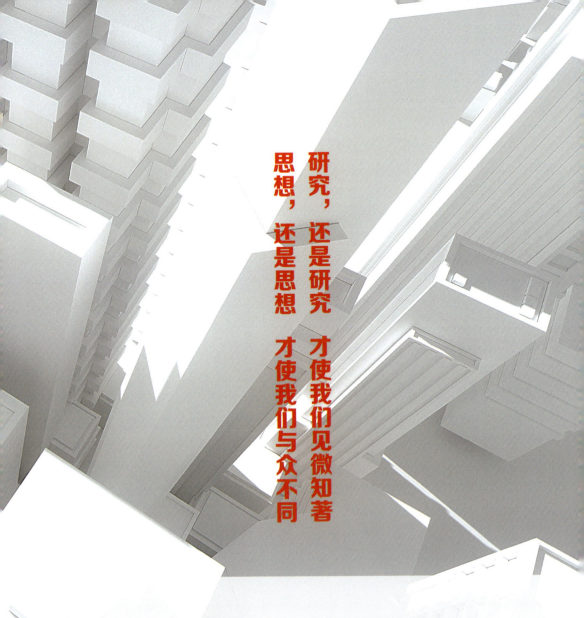

研究，还是研究　才使我们见微知著
思想，还是思想　才使我们与众不同

政策法规研究所　规划研究所　产业政策研究所（先进制造业研究中心）

科技与标准研究所　知识产权研究所　工业经济研究所　中小企业研究所

节能与环保研究所　安全产业研究所　材料工业研究所　消费品工业研究所　军民融合研究所

电子信息研究所　集成电路研究所　信息化与软件产业研究所　网络安全研究所

无线电管理研究所（未来产业研究中心）世界工业研究所（国际合作研究中心）

通讯地址：北京市海淀区万寿路27号院8号楼1201　邮政编码：100846
联系人：王 乐　　　联系电话：010-68200552　13701083941
传　真：010-68209616
电子邮件：wangle@ccidgroup.com